westermann

Markus Asmuth, Udo Fischer, Markus Schindzielorz

Prüfungsvorbereitung für die handwerklichen Elektroberufe

Gesellenprüfung Teil 2

Lösungen

7. Auflage

Bestellnummer 44011

Die Seiten dieses Arbeitshefts bestehen zu 100% aus Altpapier.

Damit tragen wir dazu bei, dass Wald geschützt wird, Ressourcen geschont werden und der Einsatz von Chemikalien reduziert wird. Die Produktion eines Klassensatzes unserer Arbeitshefte aus reinem Altpapier spart durchschnittlich 12 Kilogramm Holz und 178 Liter Wasser, sie vermeidet 7 Kilogramm Abfall und reduziert den Ausstoß von Kohlendioxid im Vergleich zu einem Klassensatz aus Frischfaserpapier. Unser Recyclingpapier ist nach den Richtlinien des Blauen Engels zertifiziert.

Druck und Bindung: Westermann Druck GmbH, Braunschweig

ISBN 978-3-427-**44011**-6

Inhaltsverzeichnis

Aufgabe 1

Es handelt sich bei dem Rührermotor M1 um eine Wendeschützschaltung mit Zwangsfolge.

Aufgabe 2

Mit dem Not-Aus-Schalter S0 wird die gesamte Anlage im Stör- bzw. Notfall ausgeschaltet. Die beiden Drehstrom-Asynchronmotoren werden über die Motorschutzrelais F9 und F10 geschützt. Im Überlastfall eines Motorschutzrelais werden beide Motoren abgeschaltet.

Zwei Positionsschalter B3 und B4 schließen gemeinsam bei geschlossenem Behälter den Steuerstromkreis.

Mit dem Aus-Taster S1 werden das Rührwerk und die Förderschnecke gemeinsam abgeschaltet.

Mit Taster S2 wird das Rührwerk im Rechtslauf betrieben.

Mit einem Hilfsschütz K1A wird sichergestellt, dass der Rührmotor immer zuerst im Rechtslauf betrieben werden muss, bevor auf Linkslauf umgeschaltet werden kann.

Mit dem Taster S3 wird der Rührmotor von Rechtslauf auf Linkslauf umgeschaltet und gleichzeitig die Förderschnecke im Rechtslauf eingeschaltet.

Das Rührwerk im Rechtslauf und die Förderschnecke können nicht gleichzeitig in Betrieb sein. Zwei Störleuchten (Störmelder) P1 und P2 zeigen den Zustand bei ausgelösten Motorschutzrelais an.

Eine Kontrollleuchte (Kontrollmelder) P3 zeigt den Betriebszustand der Förderschnecke an.

Aufgabe 3

Δ: Schaltungsart: Dreieckbetrieb

5,5 kW: abgegebene Leistung

S1: Betriebsart: Dauerbetrieb

1430 min^{-1}: Bemessungsdrehzahl des Läufers pro Minute

0,82: Verhältnis zwischen aufgenommener Wirkleistung und Scheinleistung

IP 54: Schutzart: 1. Ziffer: staubgeschützt
2. Ziffer: spritzwassergeschützt

Aufgabe 4

$$P_{zu} = \sqrt{3} \cdot U \cdot I \cdot \cos\varphi = \sqrt{3} \cdot 400\ \text{V} \cdot 11{,}53\ \text{A} \cdot 0{,}82 = 6550\ \text{W}$$

$$\eta = \frac{5500\ \text{W}}{6550\ \text{W}} = 0{,}84 = 84\ \%$$

$$P_V = P_{zu} - P_{ab} = 6550\ \text{W} - 5500\ \text{W} = 1050\ \text{W}$$

$$M = \frac{P_{ab}}{2 \cdot \pi \cdot n} = \frac{5500\ \text{W} \cdot 60\ \text{s}}{2 \cdot \pi \cdot 1430} = 36{,}73\ \text{Nm}$$

Aufgabe 5

a) $\Delta U = \frac{\Delta u \cdot U}{100\ \%} = \frac{3\ \% \cdot 400\ \text{V}}{100\ \%} = 12\ \text{V}$

$$A = \frac{\sqrt{3} \cdot I \cdot l \cdot \cos\varphi}{\gamma \cdot \Delta U} = \frac{\sqrt{3} \cdot 11{,}53\ \text{A} \cdot 30\ \text{m} \cdot 0{,}82}{56\ \frac{\text{m}}{\text{mm}^2\Omega} \cdot 12\ \text{V}} = 0{,}73\ \text{mm}^2$$

$A_{\text{Norm}} = 1{,}5\ \text{mm}^2$

Aus den Strombelastungstabellen erhält man:

Verlegeart:	B2
Anzahl der stromführenden Leiter:	3 belastete Adern
zu verlegender Querschnitt:	2,5 mm²
zulässige Strombelastbarkeit I_Z:	20 A
zulassige Bemessungsstromstärke Überstromschutzorgan:	20 A
Überstromschutzorgan:	C16 A

b) Abschaltbedingung $I_b \le I_n \le I_Z$: 11,53 A ≤ 16 A ≤ 20 A → Bedingung ist erfüllt.

c) Tatsächlicher Spannungsfall:

$$U = \frac{\sqrt{3} \cdot I \cdot l \cdot \cos\varphi}{\gamma \cdot A} = \frac{\sqrt{3} \cdot 11{,}53\ \text{A} \cdot 30\ \text{m} \cdot 0{,}82}{56\ \frac{\text{m}}{\text{mm}^2\Omega} \cdot 2{,}5\ \text{mm}^2} = 3{,}51\ \text{V}$$

Aufgabe 6

a) $n = 1430\ \text{min}^{-1}$ → *4-poliger Motor* ≙ *2 Polpaare*

$$n_d = \frac{f}{p} = \frac{50 \cdot 60\ \text{s}}{2 \cdot \text{s} \cdot \text{min}} = 1500\ \text{min}^{-1}$$

$$s = \frac{n_D - n}{n_D} = \frac{1500\ \text{min}^{-1} - 1430\ \text{min}^{-1}}{1500\ \text{min}^{-1}} \cdot 100\ \% = 4{,}66\ \%$$

Bemessungsdrehmoment: $M_n = 36{,}73$ Nm bei einem Schlupf von 4,66 %

Überlastmoment $M_M > M_n = 45$ Nm

$$s = \frac{4{,}66\ \% \cdot 45\ \text{Nm}}{36{,}73\ \text{Nm}} = 5{,}71\ \%$$

b) Neue Rührer-Drehzahl *n*:

$$n = n_D - \frac{n_D \cdot s}{100\ \%} = 1500\ \text{min}^{-1} - \frac{1500\ \text{min}^{-1} \cdot 5{,}71\ \%}{100\ \%} = 1414\ \text{min}^{-1}$$

Aufgabe 7

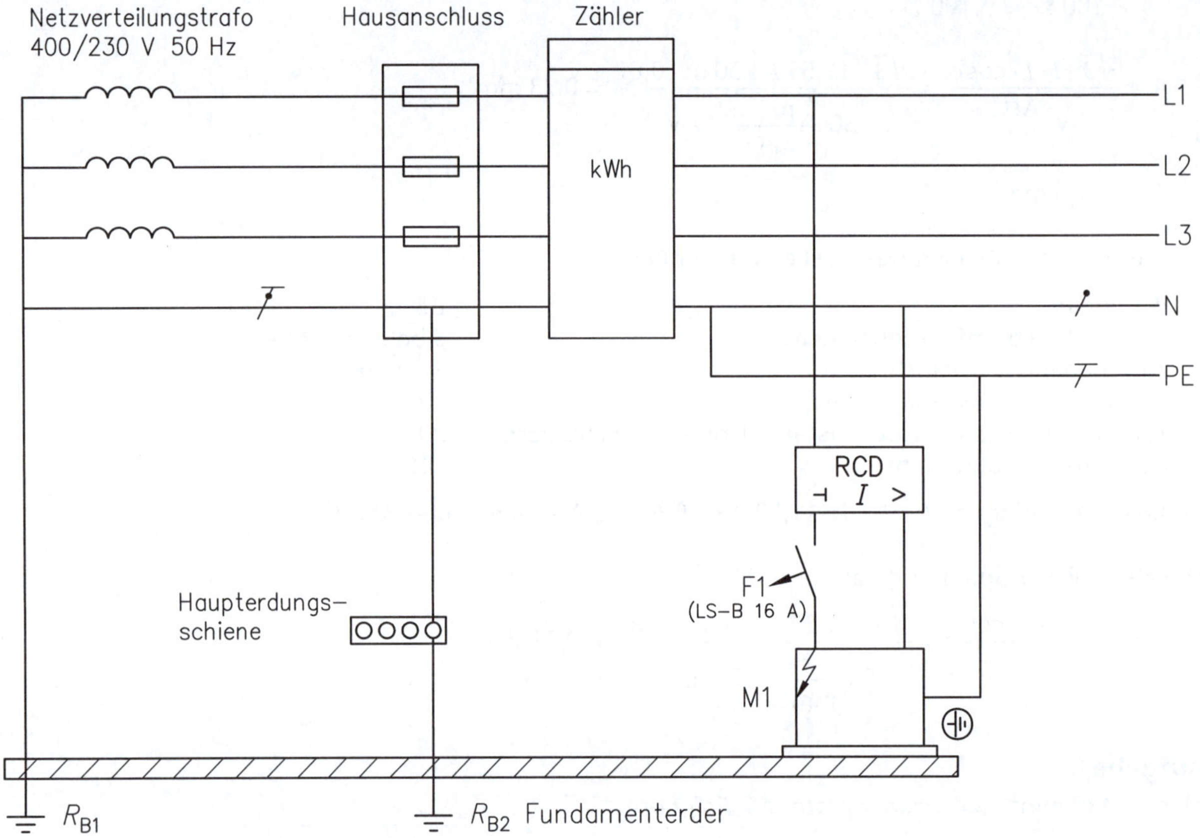

Es liegt ein Kurzschluss vor, d. h. es besteht eine leitende Verbindung zwischen einem Außenleiter und dem Körper (Gehäuse) des Motors.

Am Körper des Motors liegt eine gefährliche Fehlerspannung an. Der eingebaute RCD (FI-Schalter) schaltet den Stromkreis ab.

Aufgabe 8

Wenn der Anschluss des Schutzleiters in der Unterverteilung fehlt, schaltet der RCD (FI-Schalter) bei einem Körper- bzw. Erdschluss den Stromkreis nicht ab. Es besteht Lebensgefahr.

Aufgabe 9

Betätigung	Adresse	Bezeichnung
S0	I1	Anlage AUS (Öffner)
S1	I2	Anlage EIN (Schließer)
F1	I3	Motorschutz Motor 1 (Öffner)
F2	I4	Motorschutz Motor 2 (Öffner)
Q1	Q1	Motor 1 Schütz
Q2	Q2	Motor 2 Schütz

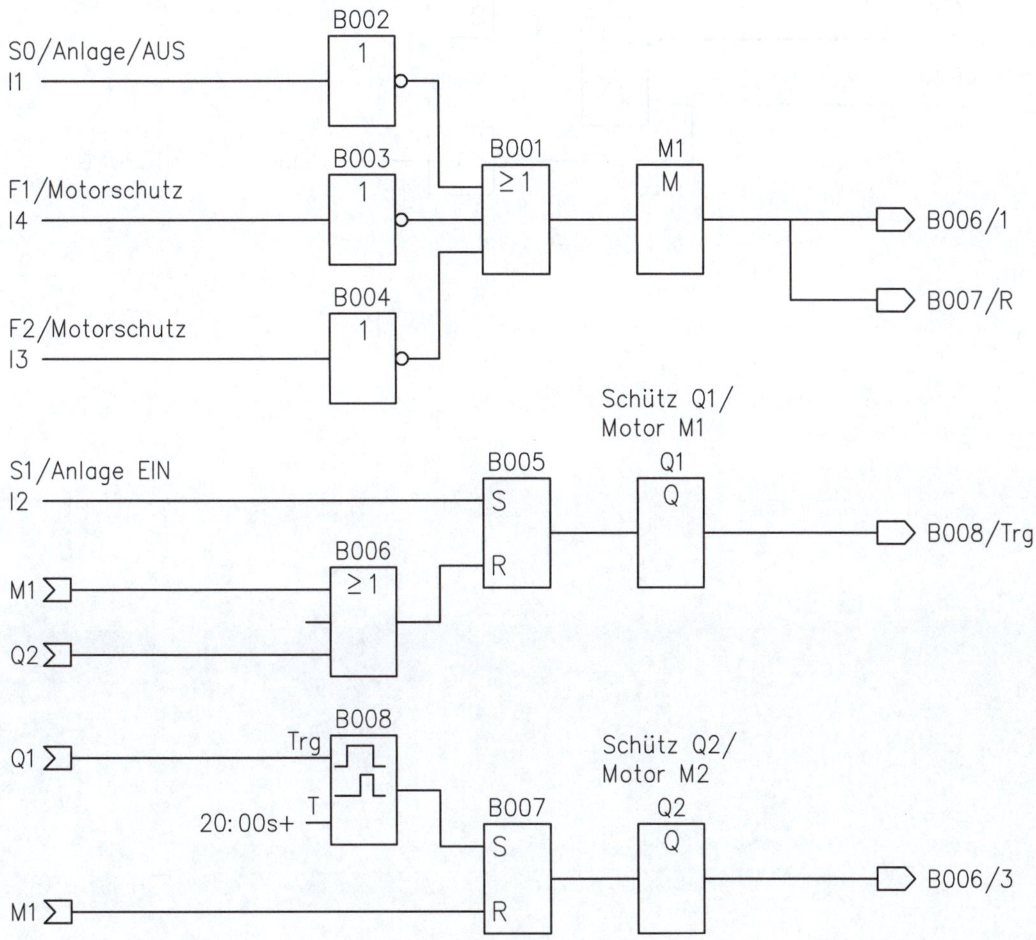

Zeitgesteuerte Folgeschaltung zweier Motoren.

Funktion:

- Durch Betätigung von Taster S1 (Schließer) wird über das Schütz Q1 der Motor 1 eingeschaltet. Schütz Q1 hält sich wegen der Selbsthaltung (SR-Speicher) selbst.
- Motor 2 wird nach 20 Sekunden automatisch durch das anzugverzögerte Zeitglied (B008), das durch den Motor 1 (Q1) aktiviert wurde, eingeschaltet. Hier ist ebenfalls eine Selbsthaltung realisiert. Gleichzeitig wird das Schütz Q1 durch das abgelaufene Zeitglied über den Rücksetzeingang am RS-Speicher zurückgesetzt und der Motor 1 abgeschaltet.
- Das Abschalten beider Motoren ist in jedem Betriebszustand über den Taster S0 (Öffner) möglich.
- Bei Überlastung schalten die beiden Motorschützrelais jeweils die gesamte Anlage aus.

Aufgabe 10

- Das Schütz Q1 und die Meldeleuchte P1 können nicht über den Taster S2 (Schließer) eingeschaltet werden.
- Die Störmeldeleuchte P2 leuchtet bereits, ohne dass ein Auslösen des Motorschutzrelais (Störung) vorliegt.

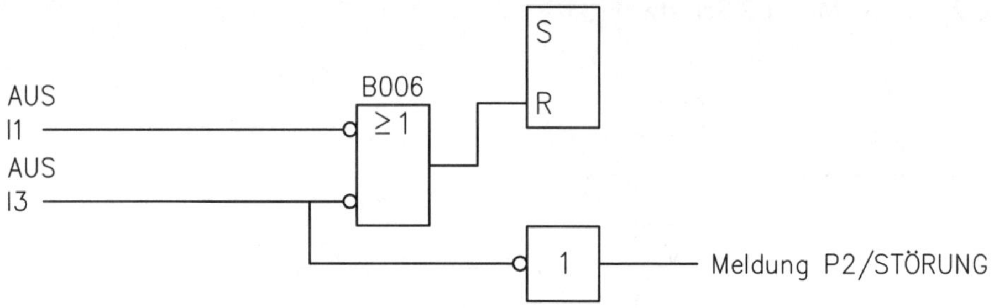

Aufgabe 1

a) $K = k \cdot W = 0{,}32$ €/kWh $\cdot$ 35000 kWh = 11200,00 €

$\cos \varphi = 0{,}78 \rightarrow \cos^{-1} \rightarrow \varphi = 38{,}7° \rightarrow \tan \varphi = 0{,}8$

b) $W_Q = W \cdot \tan \varphi = 32000\ \text{kWh} \cdot 0{,}8 = 28079{,}9\ \text{kVArh}$

Aufgabe 2

a) Blindleistung wird zum Aufbau magnetischer Felder benötigt, beispielsweise in Elektromotoren.

b) Das Netz des Verteilungsnetzbetreibers soll entlastet werden.

Aufgabe 3

	wird kleiner	bleibt gleich	wird größer
cosφ			x
I	x		
S	x		
Q	x		
P		x	

Aufgabe 4

$Q = C_{ges} \cdot 2 \cdot \pi \cdot f \cdot U^2$

$= 405\ \mu F \cdot 2 \cdot \pi \cdot 50\ Hz \cdot (400\ V)^2$

$= 405 \cdot 10\text{-}6\ F \cdot 2 \cdot \pi \cdot 50\ Hz \cdot (400\ V)^2$

$= 20{,}4\ kVAr$

Aufgabe 5

Damit keine unbeabsichtigte Trennung zwischen dem Kondensator und seinem Entladewiderstand möglich ist. Es werden hohe Berührungsspannungen und Entladeenergien verhindert.

VPS-Steuerung als SPS-Kompaktsteuerung entwerfen

Aufgabe 6

Betätigung	Adresse	Bezeichnung
S1	**I1**	Anlage AUS (Öffner)
S2	**I2**	Fräse EIN
S3	**I3**	Pumpenmotor AUS
S4	**I4**	Pumpenmotor EIN
F5	**I5**	Motorschutz Anlage AUS
F6	**I6**	Motorschutz Pumpe AUS
Q1	**Q1**	Schütz Fräse
Q2	**Q2**	Schütz Kühlmittelpumpe
P1	**Q3**	Betriebszustand EIN
P2	**Q4**	Betriebsbereitschaft

Aufgabe 7

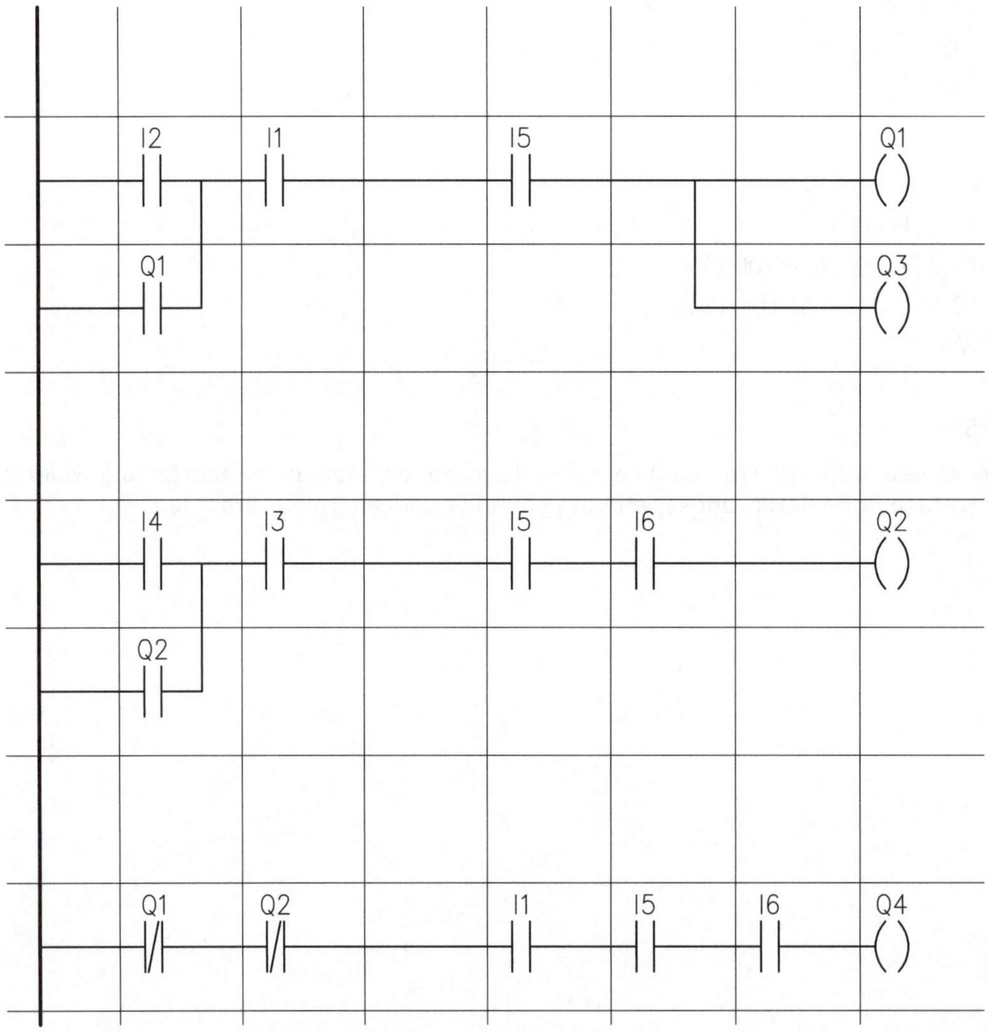

Aufgabe 8

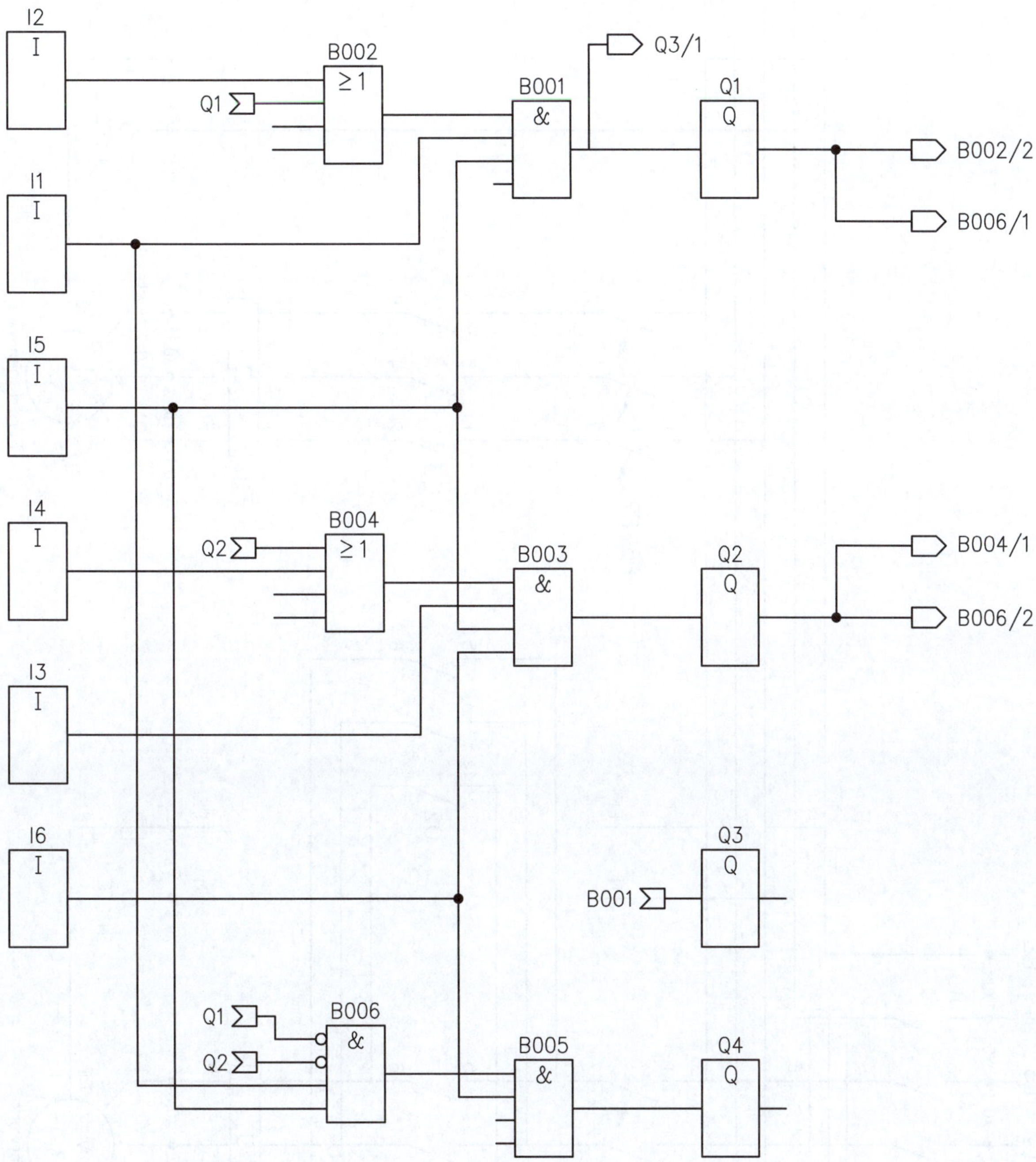
I2
I
I1
I
I5
I
I4
I
I3
I
I6
I
B002
≥1
Q1
B001
&
Q3/1
Q1
Q
B002/2
B006/1
B004
≥1
Q2
B003
&
Q2
Q
B004/1
B006/2
Q3
Q
B001
Q1
Q2
B006
&
B005
&
Q4
Q

Aufgabe 1

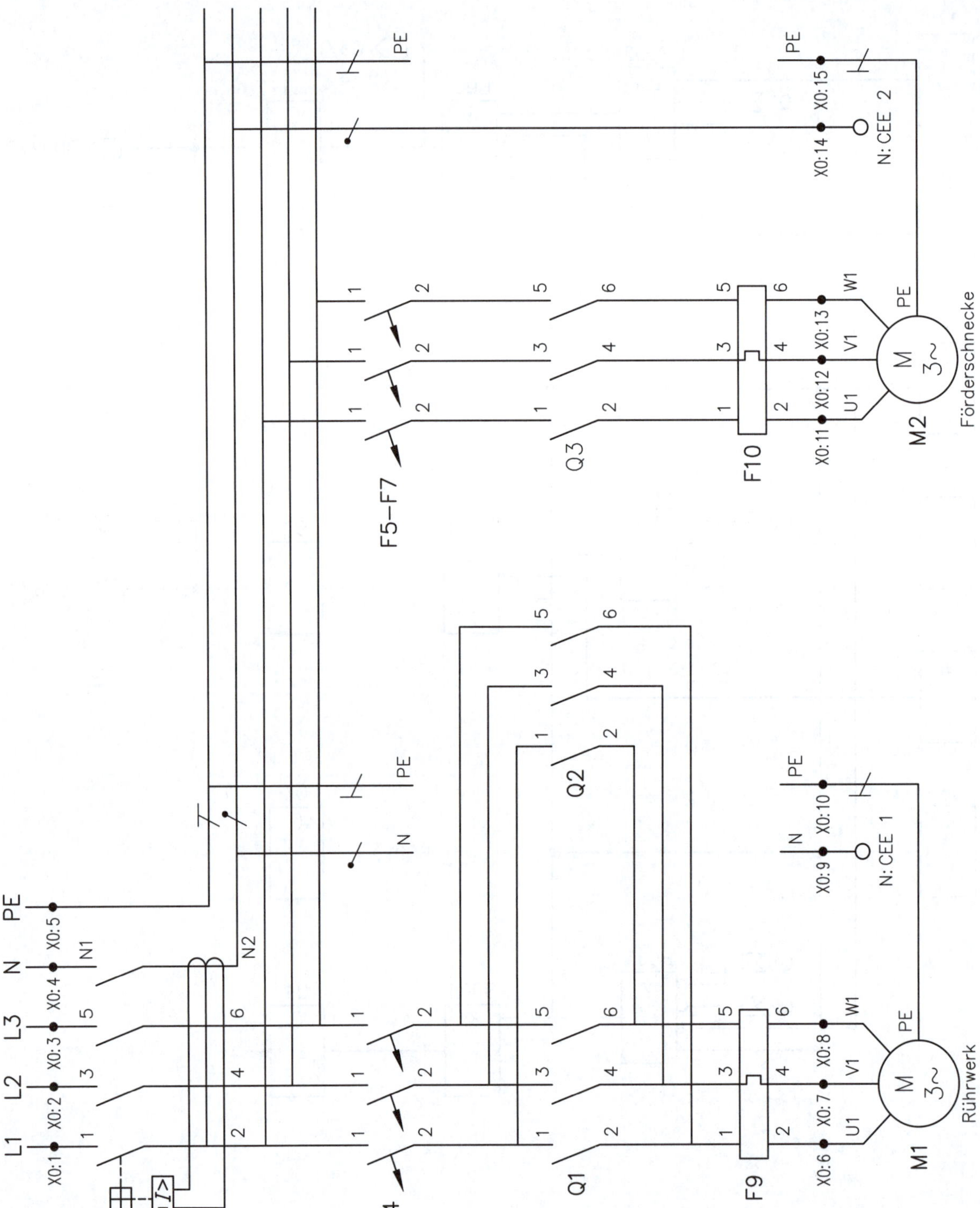
L1
L2
L3
N
PE
X0:1
X0:2
X0:3
X0:4
X0:5
N1
N2
F1
F2–F4
F5–F7
Q1
Q2
Q3
F9
F10
X0:6
X0:7
X0:8
X0:9
X0:10
X0:11
X0:12
X0:13
X0:14
X0:15
N: CEE 1
N: CEE 2
U1
V1
W1
M
3~
M1
Rührwerk
M2
Förderschnecke

Aufgabe 2

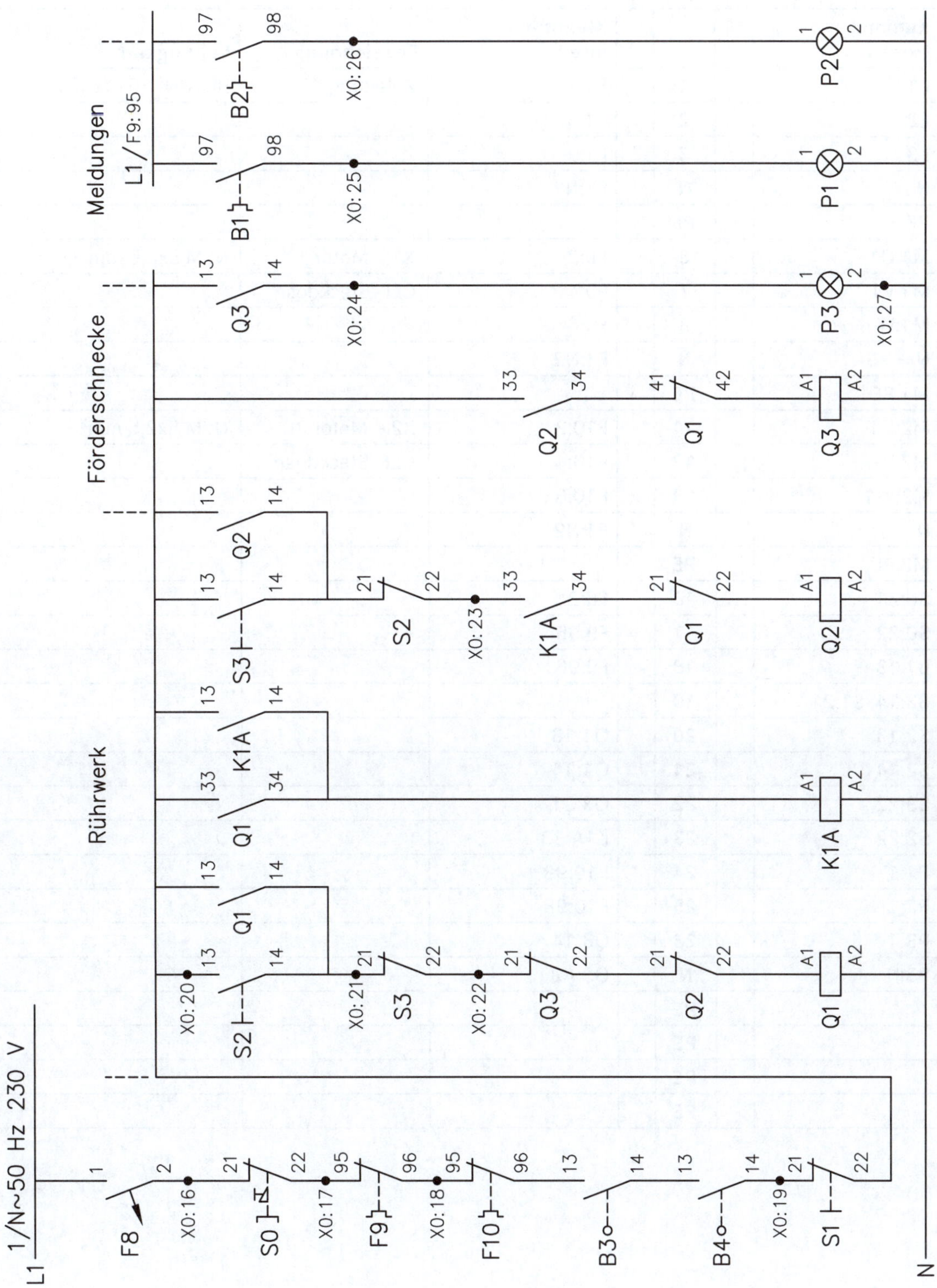
L1 1/N~50 Hz 230 V
Rührwerk
Förderschnecke
Meldungen
L1 / F9: 95
F8
S0
F9
F10
B3
B4
S1
S2
S3
Q1
Q2
Q3
K1A
B1
B2
P1
P2
P3
X0:16
X0:17
X0:18
X0:19
X0:20
X0:21
X0:22
X0:23
X0:24
X0:25
X0:26
X0:27
N

Aufgabe 3

ldf. Nr	Kemmel extern				Klemme intern	Bezeichnung	Leitungsart
1	L1		**1**		F1:1	Zuleitung	H07RN-F 5 G 2,5 mm^2
2	L2		**2**		F1:3		
3	L3		**3**		F1:5		
4	N		**N**		F1:N1		
5	PE		**PE**				
6	M1:U1		**6**		F9:2	X1 – Motor 1	NYM 5x2,5 mm^2
7	M1:V1		**7**		F9:4	CEE-Steckdose	
8	M1:W1		**8**		F9:6		
9	N		**N**		F1:N2		
10	M1:PE		**PE**				
11	M2:U1		**11**		F10:2	X2 – Motor 2	NYM 5x2,5 mm^2
12	M2:V1		**12**		F10:4	CEE-Steckdose	
13	M2:W1		**13**		F10:6		
14	N		**N**		F1:N2		
15	M2:PE		**PE**				
16	S0:21		**16**		F8:2		
17	S0:22		**17**		F9:95		
18	B1:13		**18**		F9:96		
19	B2:14, S1:21		**19**				
20	S2:13		**20**		Q1:13		
21	S2:14		**21**		Q1:14		
22	S3:22		**22**		Q3:21		
23	S2:22		**23**		K1A:33		
24	P1:1		**24**		F10:98		
25	P2:1		**25**		F10:98		
26	P3:1		**26**		Q3:14		
27	P3:N		**N**		Q3:A2		
28			**PE**				
29			**PE**				
30			**PE**				
31			**PE**				

Aufgabe 5

- Funktion und Bedienung der Anlage
- Garantiebestimmungen
- Mögliche Wartungen
- Mögliche Prüfungen und Prüflisten nach DIN VDE
- Aufbewahrung der Schaltplanunterlagen
- Kundenservice
- Hinweis auf Unfallgefahren und Fehlbedienung

Aufgabe 6

a)

Benennung		Wert
Netzspannung	U_0	≤ 500 V
Messgleichspannung	*DC*	= 500 V
Isolationswiderstand	$R_{ISO,\,Soll}$	≥ 1 MΩ

c)

Messung	Messwert in Ordnung	Messwert nicht in Ordnung
L1 – L2	X	
L1 – L3	X	
L2 – L3	X	
L1 – N	X	
L1 – PE	X	
N – PE	X	
...		

Aufgabe 7

a)

Benennung		Wert
Stromkreisbezeichnung	X	1
max. Fehlerstrom des Fehlerstromschutzorgans	$I_{\Delta N}$	0,03 A oder 30 mA
Berührungsspannung	U_L	≤ 50 V
Auslösestrom	$I_{\Delta N}$	≤ 0,03 A oder 30 mA
Auslösezeit	t_A	≤ 0,2 s oder ≤ 200 ms

c)

Messung	Messwert in Ordnung	Messwert nicht in Ordnung
Berührungsspannung	X	
Auslösestrom	X	
Auslösezeit	X	

Prüfung elektrischer Anlagen

Prüfprotokoll ① *Lösungsvorschlag*

Nr. Blatt .... von .... | Kunden Nr.:

Auftraggeber②: | Auftrag Nr.: | Auftragnehmer③:

Anlage:

Prüfung ④ ***nach:*** DIN VDE 0100-600 ☒ DIN VDE 0105-100 ☐ DGUV Vorschrift 3 ☐.......... /.......... Betr.SichV ☐ E-CHECK ☐

Neuanlage ☒ Erweiterung ☐ Änderung ☐ Instandsetzung ☐ Wiederholungsprüfung ☐

Beginn der Prüfung:	Beauftragter des Auftraggebers:	Prüfer⑤:
Ende der Prüfung:		

Netz ....400...... / ....230...... V Netzform: TN-C ☐ TN-S ☒ TN-C-S ☐ TT ☐ IT ☐

Netzbetreiber Örtliche VNB

Besichtigen	i.O.	n.i.O.		i.O.	n.i.O.		i.O.	n.i.O.
Auswahl der Betriebsmittel	☒	☐	Kennzeichnung Stromkreis, Betriebsmittel	☒	☐	Zugänglichkeit	☐	☐
Trenn- und Schaltgeräte	☒	☐	Kennzeichnung N- und PE-Leiter	☒	☐	Schutzpotentialausgleich	☐	☐
Brandabschottungen	☐	☐	Leiterverbindungen	☒	☐	Zus. örtl. Potentialausgleich	☐	☐
Gebäudesystemtechnik	☐	☐	Schutz und Überwachungseinrichtungen	☒	☐	Dokumentation⑥	☐	☐
Kabel, Leitungen, Stromschienen	☒	☐	Basisschutz (Schutz gegen direktes Berühren)	☒	☐	siehe Ergänzungsblätter ☐		
Erproben			Funktion der Schutz-, Sicherheits- und			Rechtsdrehfeld	☒	☐
Funktionsprüfung der Anlage	☒	☐	Überwachungseinrichtungen	☒	☐	Überprüfung Spannungsfall	☐	☐
FI-Schutzschalter (RCD)	☒	☐	Drehrichtung der Motoren	☒	☐	Gebäudesystemtechnik	☐	☐

Spannungsfall nachgewiesen⑩ .... % | ***Durchgängigkeit des Schutzleiters***⑨ ≤ 1 Ω ☒ | Erdungswiderstand: RE........... Ω

Durchgängigkeit Potentialausgleich⑨ ***(≤ 1 Ω nachgewiesen)***

Fundamenterder	☐	Hauptwasserleitung	☐	Heizungsanlage	☐	EDV-Anlage	☐	Antennenanlage/BK	☐
Haupterdungsschiene	☐	Hauptschutzleiter	☐	Klimaanlage	☐	Telefonanlage	☐	Gebäudekonstruktion	☐
Wasserzwischenzähler	☐	Gasinnenleitung	☐	Aufzugsanlage	☐	Blitzschutzanlage	☐	....	☐

Verwendete Messgeräte nach VDE	Fabrikat: Typ:	Fabrikat: Typ:	Fabrikat: Typ:

Messen Stromkreisverteiler Nr.:

Stromkreis Nr.	Zielbezeichnung	Leitung/Kabel Typ	Leiter Anzahl x Quers. (mm²)	Überstrom-Schutzeinrichtung Art Charakteristik	I_n (A)	Z_s (Ω) ☐ I_k (A) ☐ L-PE	Z_i (Ω) ☐ I_k (A) ☐ L-N	R_{iso} (MΩ) Verbraucher ohne	mit	Fehlerstrom-Schutzeinrichtung (RCD) I_n/Art (A)	$I_{\Delta n}$ (mA)	I_{mess} (mA) (≤ $I_{\Delta n}$)	Ausl.-Zeit t_A (ms)	$U_L \leq$ 50 V U_{mess} (V)	Fehler-code siehe auch ⑦
1	CEE-Steckdose 1	NYM	5 x 2,5	LS-C	16					40	30	20,1	26	0	
2	L1 - L2		x					> 99,9							
3	L1 - L3		x					> 99,9							
4	L2 - L3		x					> 99,9							
5	L1 - N		x					> 99,9							
6	L1 - PE		x					> 99,9							
7	N - PE		x					> 99,9							
			x												
			x												
			x												
			x												

Prüfergebnis: keine Mängel festgestellt ☒ | Mängel festgestellt ☐ | Prüf-Plakette angebracht: ja ☐ nein ☐ | Nächster Prüftermin:

Auftraggeber②:	***Prüfer***⑤:
Gemäß Übergabebericht elektrische Anlage vollständig übernommen ☐	Die elektrische Anlage entspricht den anerkannten Regeln der Elektrotechnik ☐
Zustandsberichter halten ☐	Die elektrische Anlage entspricht nicht den anerkannten Regeln der Elektrotechnik ☐
Ort Datum Unterschrift	Ort Datum Unterschrift

Markierungsbogen

	1	2	3	4	5	6	7	8	9	10
1	X			X				X		X
2						X				
3		X					X		X	
4			X		X					

	11	12	13	14	15
1					
2		X			X
3	X			X	
4			X		

Aufgabe U1

Vorteile des dualen Systems:

2	3	4	6

Nachteile des dualen Systems:

1	5	7	8

Aufgabe U2

Die Kosten der Heilbehandlung trägt nicht die gesetzliche Krankenkasse, da es sich um einen Arbeitsunfall handelt.

Träger der Kosten der Heilbehandlung im vorliegenden Fall:
Berufsgenossenschaft der Feinmechanik und Elektrotechnik BGFE sowie der Gemeindeunfallversicherungsverband und die Unfallkasse

Versicherungspflicht:
- alle Arbeitnehmer unabhängig von der Art und Dauer der Beschäftigung und der Höhe des Einkommens
- der Arbeitgeber

Beitragszahlung:
Der Arbeitgeber trägt die Beiträge allein und führt diese direkt an die zuständige Berufsgenossenschaft ab.

Leistungen:
Wiederherstellung (**Rehabilitation**) der Gesundheit und Leistungsfähigkeit nach Arbeitsunfällen oder Berufskrankheiten.

Aufgabe U3

1. Erstausbildung z. B. zum/zur Elektroniker/in.
2. Weiterbildung zum/zur Meister/in (Techniker).
3. Umschulung vom Dachdecker zum/zur Koch/Köchin aufgrund körperlicher Beschwerden.

Aufgabe U4

Problem (Verstoß)	Istzustand (bei Jürgen und Tobias)	§	Sollzustand (so schreibt es das Gesetz vor)
Arbeitszeit	Mehr als 12 Stunden	8	Maximal 8,5 Stunden
Urlaub	Tobias: 30 Tage Jürgen: 23 Tage	19	Tobias 15 Jahre: 30 Tage Jürgen 17 Jahre: 25 Tage
Täglich nicht unterbrochene Freizeit	10 Stunden	13	Mindestens 12 Stunden
Nachtruhe	Arbeiten bis 21 Uhr	14	Bis maximal 20 Uhr
Akkordarbeit	Wird verlangt	23	Grundsätzlich untersagt

Aufgabe U5

1. Immer mehr Empfängern stehen immer weniger Einzahler gegenüber. Gründe: Sinkende Geburtenrate, steigende Anzahl der Rentner, steigende Lebenserwartung, hohe Arbeitslosigkeit.
2. Senkung der Leistungen, Erhöhung der Beiträge.

Aufgabe U6

Skonto ist der Preisnachlass bei Zahlung innerhalb einer bestimmten Frist.

Aufgabe U7

1. Das einfache Arbeitszeugnis beinhaltet lediglich Angaben zu Personalien und Art und Dauer der Beschäftigung. In einem qualifizierten Arbeitszeugnis werden auch die Arbeitsleistung und das Verhalten im Betrieb bewertet.
2. Arbeitsgericht

Aufgabe U8

Das 18. Lebensjahr muss vollendet sein.
Der Wohnsitz muss mindestens drei Monate im Wahlbezirk sein.

Aufgabe U9

- Gesetzgebung
- Regierungskontrolle
- Wahl der Bundeskanzlerin/des Bundeskanzlers
- Mitwirkung bei der Wahl des Bundespräsidenten/der Bundespräsidentin

Aufgabe U10

- Schulen
- Arbeitsagenturen
- Handwerkskammern
- Berufs- und Fachverbände
- Bundesinstitut für berufliche Bildung

Aufgabe 1

a) Eine Einbruchmeldeanlage besteht aus
   - einer Zentrale mit zwei unabhängigen Energieversorgungen,
   - verschiedenen Meldelinien,
   - verschiedenen Meldern je Überwachungsanforderung,
   - einer Alarmweiterleitung.

b) Fenster und Türen werden durch Kontakte überwacht. Zusätzlich kann mittels Bewegungsmelder eine Raumüberwachung gewährleistet werden. Bilder können an der Rückseite mit entsprechenden Sensoren versehen werden. Bei der Vorfeldüberwachung lässt sich eine Panikbeleuchtung mittels Bewegungsmeldern steuern.
   Die Alarmanlage besitzt die Zustände frei geschaltet, unscharf und Störung.
   Bei defektem Melder kann die Alarmanlage nicht scharf geschaltet werden.

Aufgabe 2

- Außenhautüberwachung (Glasbruchmelder, Magnetkontakte)
- Raumüberwachung (Bewegungsmelder)
- Objektüberwachung (Magnetkontakte)
- Vorfeld-/Freilandüberwachung (Bewegungsmelder)

Aufgabe 3

- Beim Ruhestromprinzip müssen die Melderkontakte als Öffner ausgelegt werden, damit sie in Reihe geschaltet werden können. Nachteil: geringer Sabotageschutz.
- Beim Arbeitsstromprinzip müssen die Melderkontakte als Schließer ausgelegt werden, damit sie parallel geschaltet werden können. Nachteil: geringer Sabotageschutz.
- Differentialprinzip mittels Abschlusswiderstand, an der Melderlinie Stromverstärkungs- oder Stromschwächungsprinzip.

Aufgabe 4

a) Verband deutscher Sachversicherer

b) Ist die Anlage VdS zugelassen, können die Sachversicherer die Versicherungsprämien senken. Hierzu werden die Zulassungsklassen A – C und H vergeben.

Aufgabe 5

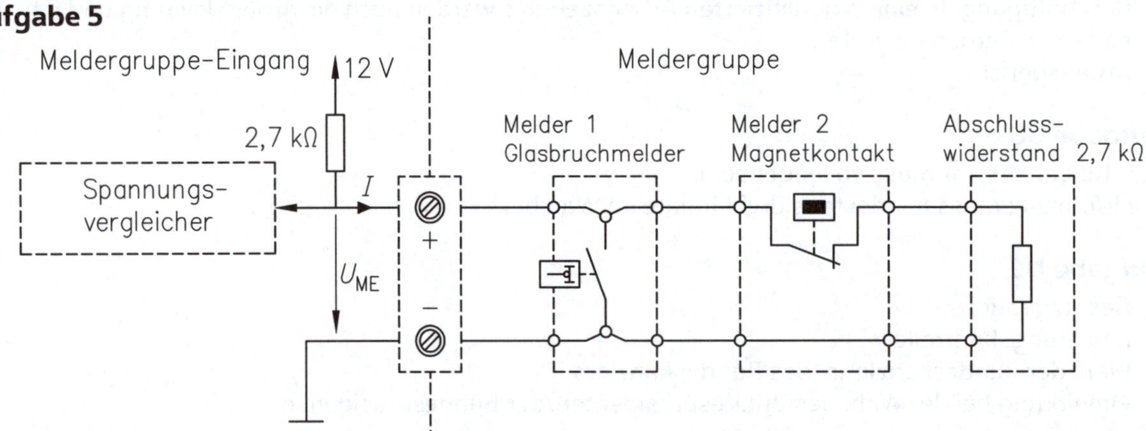

$$I_R = \frac{U}{2 \cdot R} = \frac{12\,\text{V}}{2 \cdot 2{,}7\,\text{k}\Omega} = 2{,}2\,\text{mA}$$

$$U_{ME} = \frac{U}{2} = \frac{12\,\text{V}}{2} = 6\,\text{V}$$

Aufgabe 6

a)

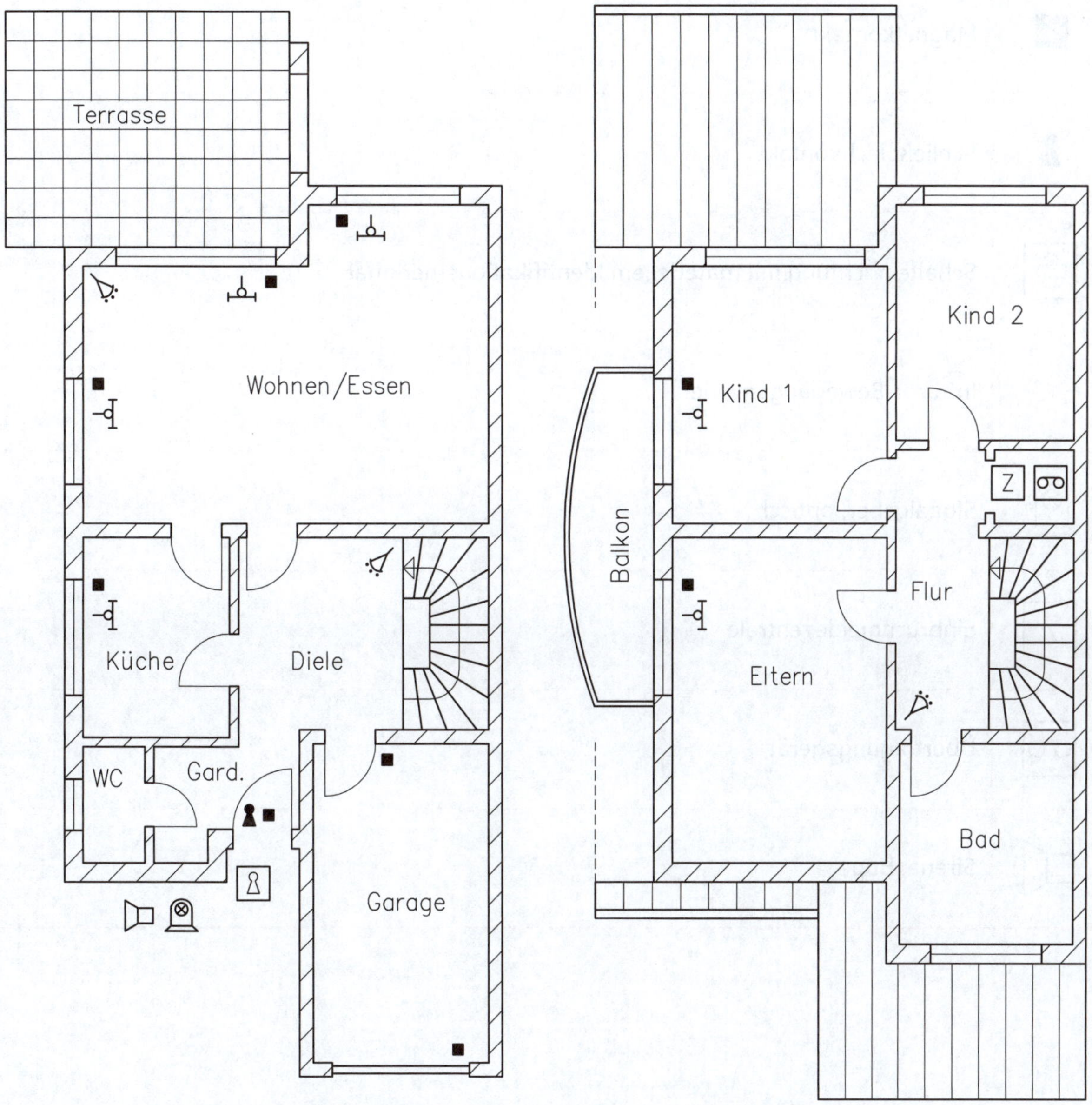
Terrasse
Wohnen/Essen
Küche
Diele
WC
Gard.
Garage
Balkon
Kind 1
Kind 2
Z
Flur
Eltern
Bad

b)

Symbol	Bezeichnung des Melders/der Komponente
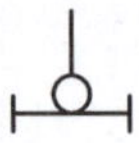	Glasbruchmelder, passiv
	Magnetkontakt
	Schließblechkontakt
	Schalteinrichtung mit materiellem Identifikationsmerkmal
	Infrarot-Bewegungsmelder
	Signalgeber, optisch
	Einbruchmeldezentrale
	Übertragungsgerät
	Sirene, Hupe

Aufgabe 7
Korrektur des Stromlaufplans:

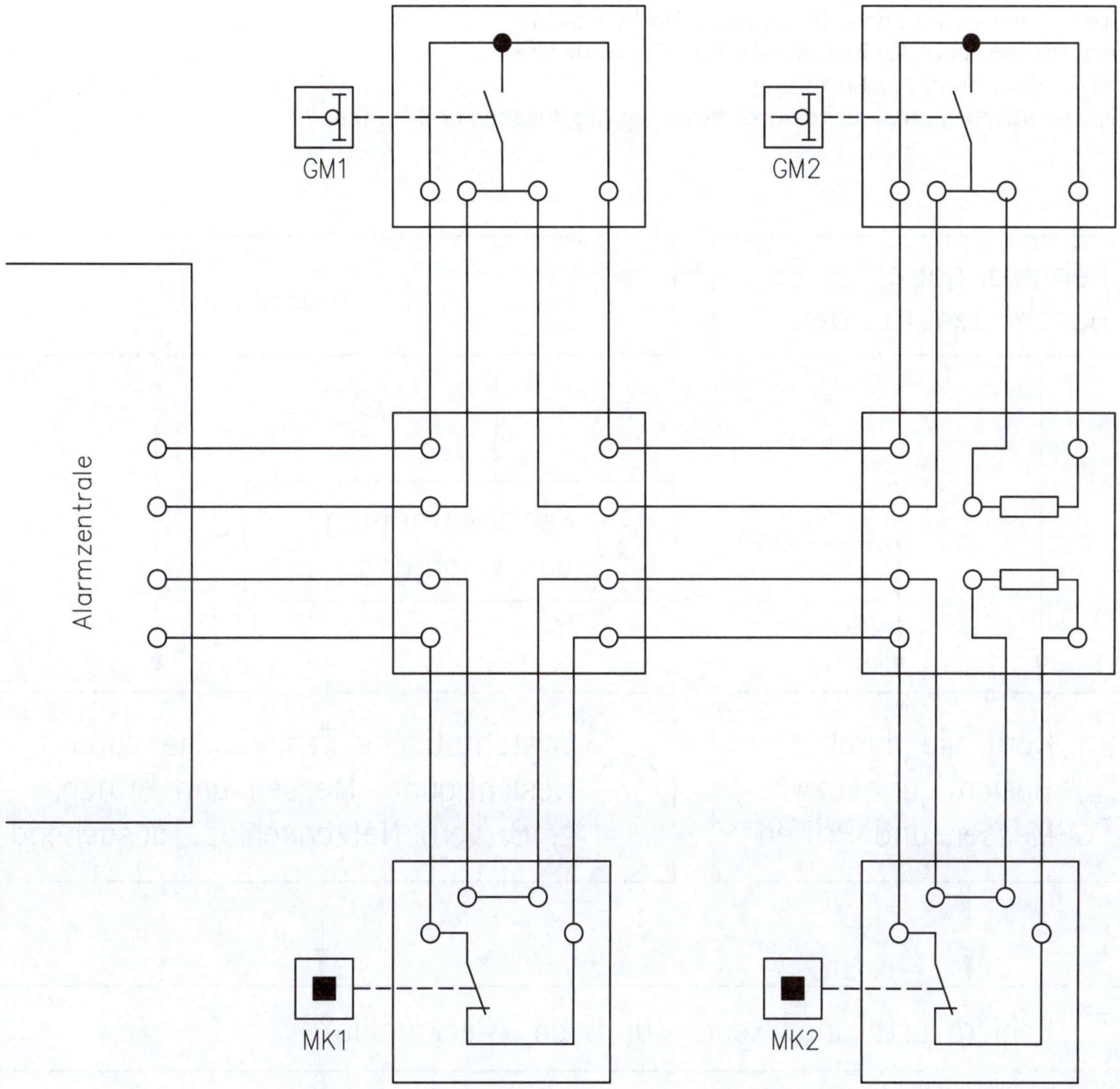

Aufgabe 8
- Name und Anschrift des Kunden
- Telefonnummer des Kunden
- Gerätedaten wie Hersteller, Typ, Baujahr, Seriennummer, Bemessungsdaten
- Angaben über auftretende Fehler
- Annahmedatum

Aufgabe 9

① Fehlerbehebung durch Reparatur oder Austausch
② Kontrolle durch Besichtigung bzw. Messen und Prüfen
③ Fehlerbeurteilung. Reparatur noch zweckmäßig?
④ Funktionsprüfung und Prüfung nach DIN VDE 0701
⑤ inkl. Prüfprotokoll für instandgesetzte Elektrogeräte
⑥ Fehlervermutung aus Erfahrung
⑦ Systematische Fehlersuche durch Besichtigung, Messen und Prüfen

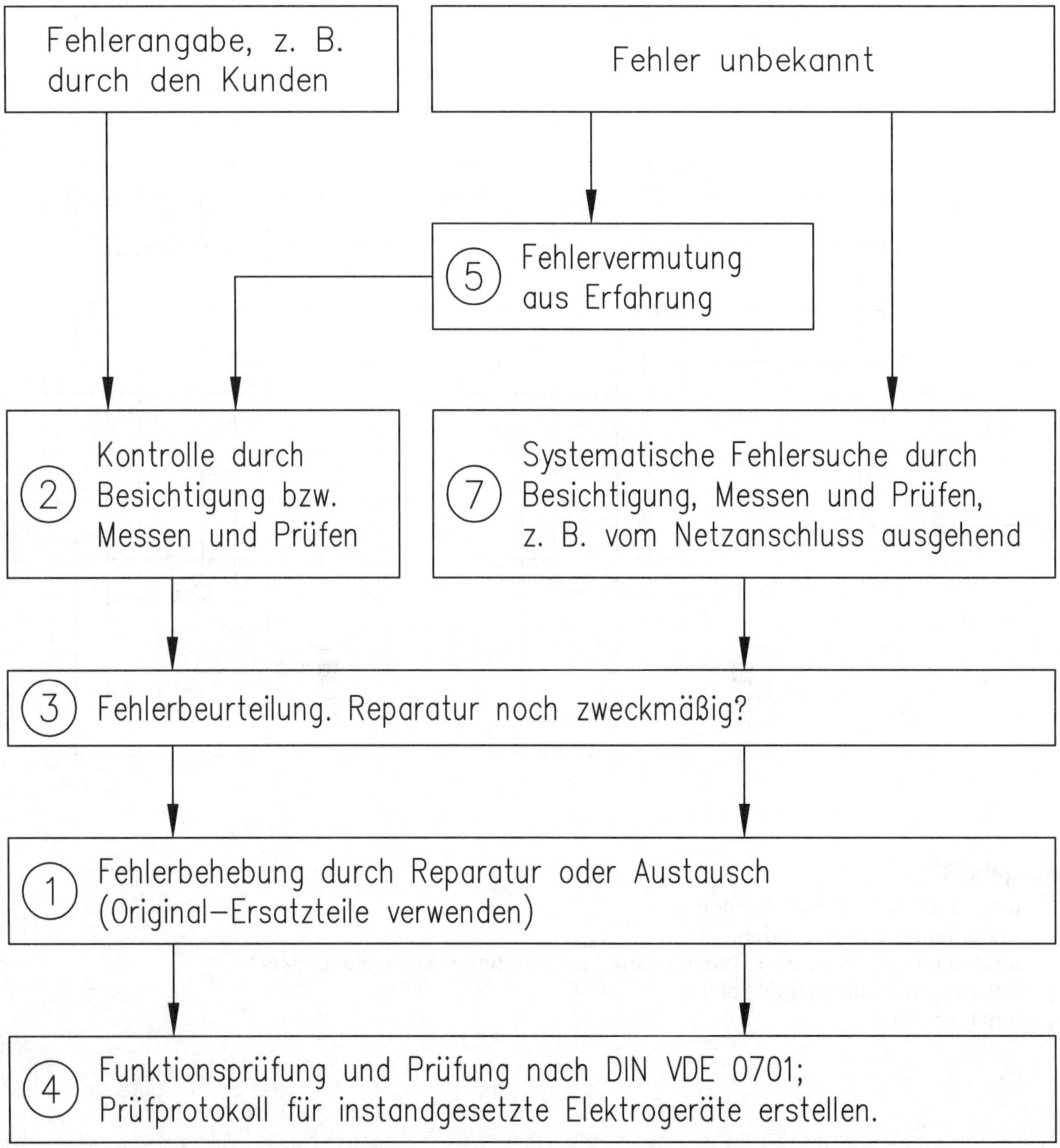

Aufgabe 10

- Beachtung der Sicherheitsregeln
- Geräte freischalten
- gegen Wiedereinschalten sichern
- Spannungsfreiheit feststellen
- Heizstab abklemmen oder komplett ausbauen
- Sollwert des Heizwiderstandes rechnerisch ermitteln

$$R = \frac{U^2}{P} = \frac{(230\ \text{V})^2}{2000\ \text{W}} = 26{,}45\ \Omega$$

- Widerstandswert durch Messung ermitteln:
- Messwert ca. 26 Ω → Widerstand in Ordnung
- Messwert ∞ Ω → Widerstand defekt
- Austauschen und wieder einbauen

Aufgabe 11

- zweipoliger Spannungsprüfer
- Durchgangsprüfer
- Analoges oder digitales Multimeter
- Prüfgerät wie z. B. Secutest 0701/0702S

Aufgabe 12

- Sichtprüfung
- Funktionsprüfung
- Prüfung des Schutzleiters an Geräten der Schutzklasse I
- Messung des Isolationswiderstands
- Messung des Ersatzableitstroms

Aufgabe 13

Prüfprotokoll für instandgesetzte elektrische Geräte

Geräteart: *Waschmaschine* **Hersteller:** *Siemens* **Typ:** *WM610 E*	**Spannung:** *400 V/230 V 50 Hz* **Leistung:** *2,3 kW* **Baujahr:** *2020*	**Angeliefert am:** **Reparatur am:** *05.05.20..* **Ausgeliefert am:**

Auftraggeber: *Fam. Mustermann* **Straße:** *Hemholtzstr. 230* **PLZ:** *12345* **Ort:** *Ortstadt*	**Auftragnehmer:** **Straße:** **PLZ:** **Ort:**

Fehlerangabe des Kunden:

Original-Ersatzteile:

Prüfung nach der Instandsetzung nach DIN VDE 0701 Besondere Bestimmungen nach DIN VDE 0701, Teil 1	**Geräteschutzklasse** I ☒ II ☐ II ☐

Ausgeführte Instandsetzungsarbeiten:

Nach Sichtprüfung in Ordnung:				
	Anschlussleitung	☒	Gehäuse	☒
	Schutzleiter	☒	sonstige Teile	☒

Messungen nach der Reparatur	Erforderlich ja	Erforderlich nein	Messwert	in Ordnung ja	in Ordnung nein	Bemerkung
Schutzleiterwiderstand	☒	☐	0,1 Ω	☒	☐	
Isolationswiderstand	☒	☐	5,6 MΩ	☒	☐	
Ersatz-Ableitstrom	☒	☐	0,06 mA	☒	☐	
Spannungsfestigkeit	☐	☒	V	☐	☐	

Gerätefunktionsprüfung:		Die Sicherheit des Gerätes wurde nach DIN VDE 0701 geprüft:	☒
Gerät in Ordnung:	☒	Die Sicherheit nach DIN VDE 0701 ist nicht gegeben:	☐
Aufschriften vorhanden:	■	Das Gerät kann nicht instandgesetzt werden:	☐

Unterschrift Prüfer:	Verantwortlicher Unternehmer: Mustermann
Ort: Datum:	Ort: Datum:

Aufgabe 14

ELEKTRO TEAM * Mainstr. 12 * 54321 Musterhausen

____

____

____

____

Gesprächspartner: Herr Volta
Telefon: (01234) 567-800
Telefax: (01234) 567-810

info@elektro-team.de

Rechnungsdatum: 05.05.20..
Kunden-Nr.: 01209
Auftrags-Nr.: 04321

Rechnung

Auftrag: ______________________

Nach Durchführung der Reparaturarbeiten ergeben sich folgende Kosten:

Position	Menge	Bezeichnung	EP (EUR)	GP (EUR)
01	1	Heizstab	47,89	47,89
02	1	Kleinmaterial	2,25	2,25
03	0,5 h	Fehlersuche	29,00	14,50
04	0,5 h	Austausch des Heizstabs	29,00	14,50
05	0,3 h	Geräteprüfung nach DIN VDE 0701	29,00	8,70
06	0,25 h	Geräteprüfung nach DIN VDE 0702	29,00	7,25
07	1	Anfahrpauschale	15,00	15,00
			Netto	110,09
			Umsatzsteuer	20,92
			Gesamtpreis	**131,01**

Zahlungsbedingungen:
Rechnung zahlbar ohne Abzug bis zum 15.05.20...
Wir bedanken uns für den von Ihnen erteilten Auftrag.

Mit freundlichen Grüßen

Aufgabe 1

- Verlegevorgaben der Hersteller beachten
- Biegeradien einhalten
- Druckbelastung der Kabel durch Befestigungsmaterial vermeiden
- Ziehstrumpf zum Kabeleinzug verwenden
- Nur zugelassene Schmiermittel benutzen
- Trennungsabstände zu Energiekabeln einhalten
- Kabelschirme mit Erdung verbinden
- Kabelenden beschriften
- Abnahmemessung nach DIN EN 50346 durchführen

Aufgabe 2

a) F/UTP: Foiled/Unshielded Twisted Pair
Der Gesamtschirm besteht aus Folie, die Aderpaare sind ungeschirmt.

b) U/FTP: Unshielded/Foiled Twisted Pair
Das Kabel besitzt keinen Gesamtschirm, nur die Aderpaare sind jeweils mit Folie geschirmt.

c) S/FTP: Shielded/Foiled Twisted Pair
Der Gesamtschirm besteht aus Schirmgeflecht, die Aderpaare sind jeweils mit Folie geschirmt.

Aufgabe 3

Abstand = Mindesttrennabstand x Faktor

Mindesttrennabstand (Cat.7 und Lochblechkabelkanal) = 5 mm
Faktor (19 parallele Stromversorgungsleitungen je 16 A) = 2

Abstand = 5 mm · 2 = 10 mm

Aufgabe 4

a) Ein Switch schaltet temporär die Verbindung zwischen zwei Teilnehmern innerhalb eines LANs.

b) Ein Router ist ein Netzwerkgerät, welches Datenpakete zwischen Datennetzen weiterleiten kann. Er wird beispielsweise benötigt, um ein Heimnetzwerk mit dem Internet zu verbinden.

c) Ein Gateway verbindet unterschiedliche Netzwerke miteinander.

Aufgabe 5

a) Der VoIP-Telekommunikationsanlage liegt die Sternstruktur zu Grunde. Im Zentrum befindet sich ein Switch, der die Datensteuerung übernimmt.

b) Linie
Baum
Ring
Masche

Aufgabe 6

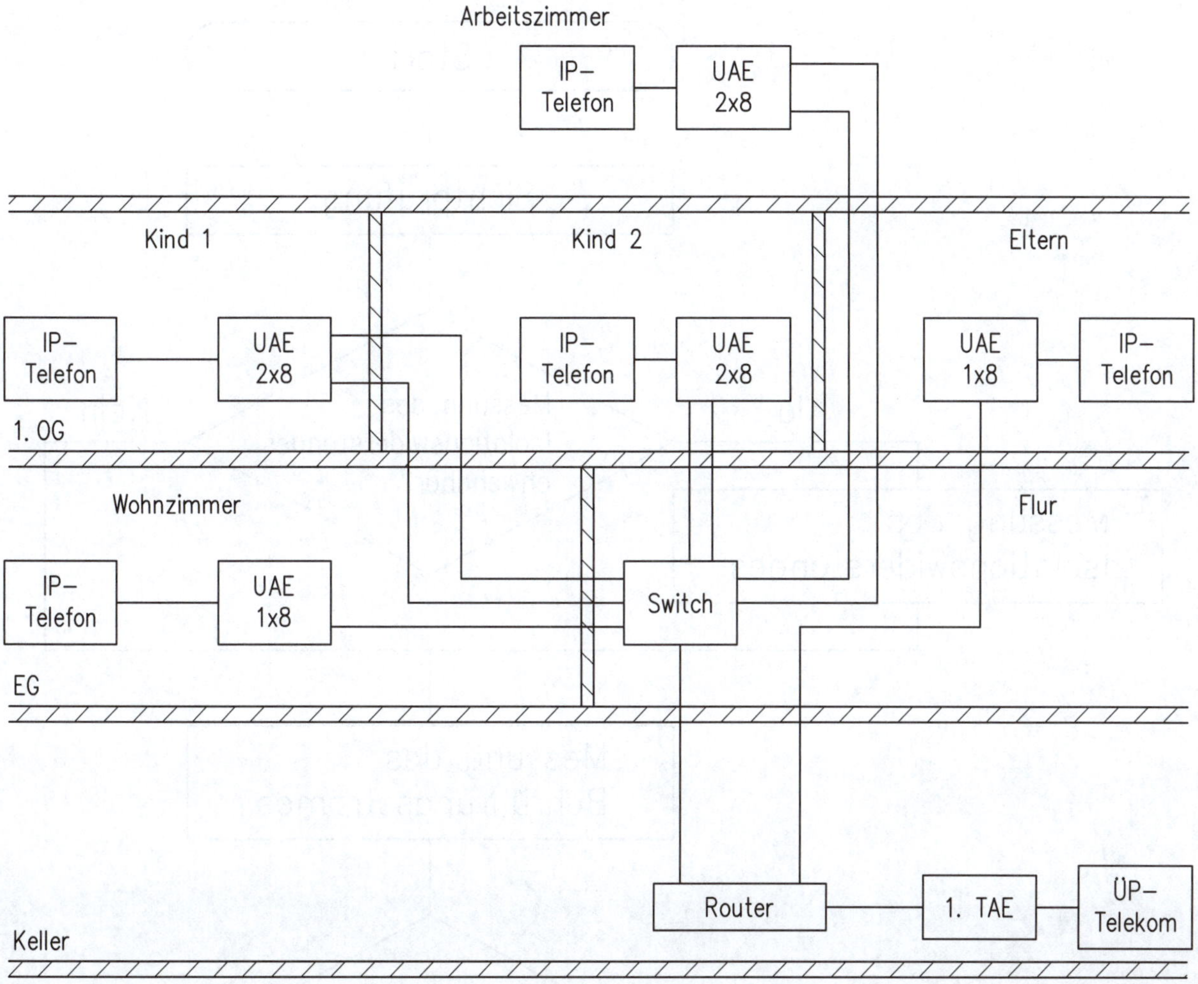
Arbeitszimmer
IP-Telefon
UAE 2x8
Kind 1
Kind 2
Eltern
IP-Telefon
UAE 2x8
IP-Telefon
UAE 2x8
UAE 1x8
IP-Telefon
1. OG
Wohnzimmer
Flur
IP-Telefon
UAE 1x8
Switch
EG
Router
1. TAE
ÜP-Telekom
Keller

Aufgabe 7

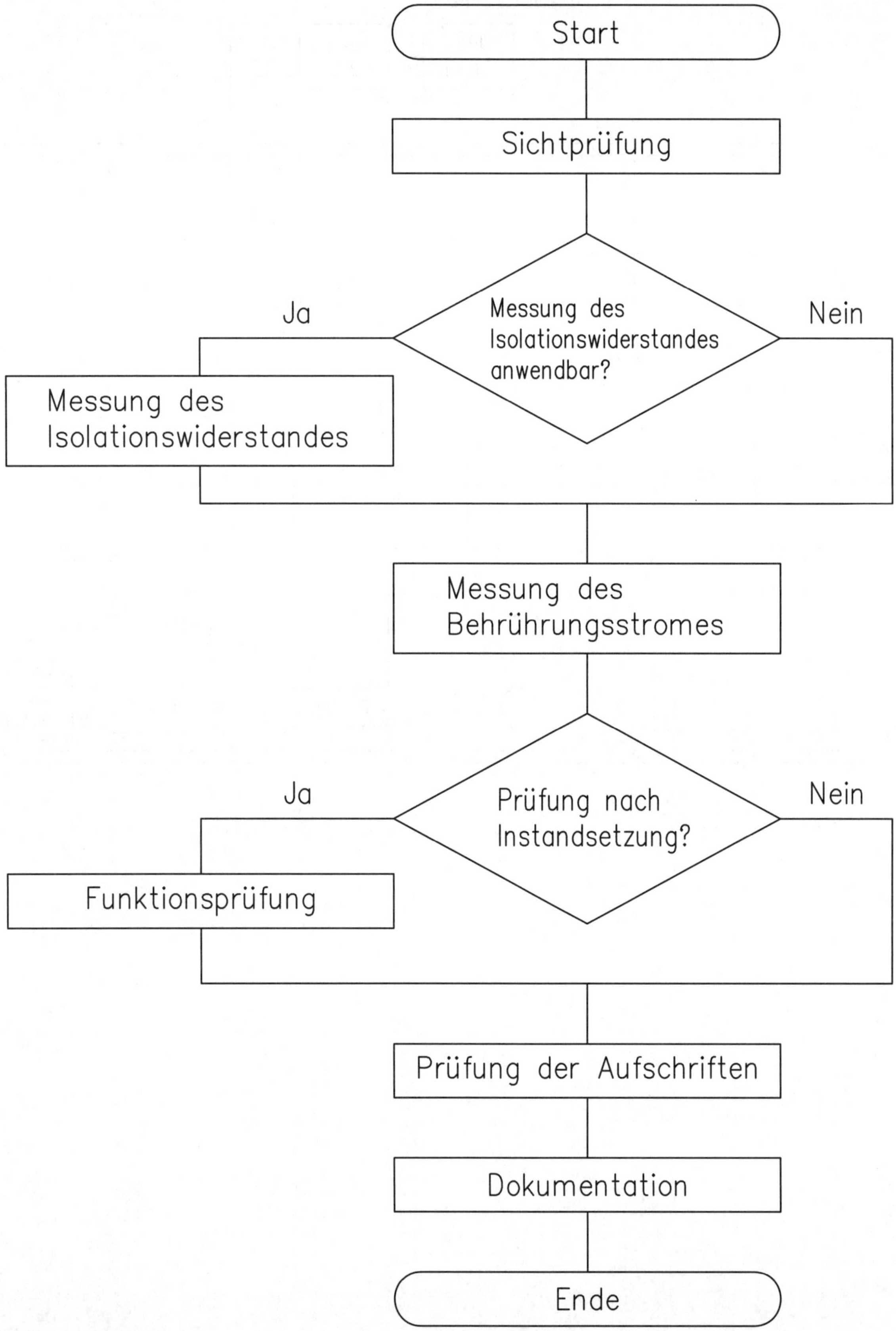
Start
Sichtprüfung
Messung des Isolationswiderstandes anwendbar?
Ja
Nein
Messung des Isolationswiderstandes
Messung des Behrührungsstromes
Prüfung nach Instandsetzung?
Ja
Nein
Funktionsprüfung
Prüfung der Aufschriften
Dokumentation
Ende

Aufgabe 8

Reihenverteilnetz
Sternverteilnetz
Baumverteilnetz (gemischtes Netz)
Etagenverteilnetz

Aufgabe 9

a) LNB bis Multischalter: $l = 4 \cdot 2{,}2\ \text{m} = 8{,}8\ \text{m}$
Kreuzdipol bis Multischalter: $l = 3{,}3\ \text{m} + 0{,}2\ \text{m} = 3{,}5\ \text{m}$
Multischalter bis Dose OG (links): $l = 1{,}5\ \text{m} + 0{,}3\ \text{m} + 2{,}5\ \text{m} + 0{,}3\ \text{m} + 1{,}5\ \text{m} + 0{,}3\ \text{m} = 6{,}4\ \text{m}$
Multischalter bis Dose OG (rechts): $l = 1{,}5\ \text{m} + 0{,}3\ \text{m} + 2{,}5\ \text{m} + 0{,}8\ \text{m} + 0{,}3\ \text{m} = 5{,}4\ \text{m}$
Multischalter bis Dose EG (links): $l = 1{,}5\ \text{m} + 0{,}3\ \text{m} + 2{,}5\ \text{m} + 0{,}3\ \text{m} + 2{,}5\ \text{m} + 0{,}3\ \text{m} + 3{,}7\ \text{m} + 0{,}3\ \text{m} = 11{,}4\ \text{m}$
Multischalter bis Dose EG (rechts): $l = 1{,}5\ \text{m} + 0{,}3\ \text{m} + 2{,}5\ \text{m} + 0{,}3\ \text{m} + 2{,}5\ \text{m} + 2{,}2\ \text{m} + 0{,}3\ \text{m} = 9{,}6\ \text{m}$
Dose EG (links) bis Dose Keller: $l = 0{,}3\ \text{m} + 0{,}5\ \text{m} + 0{,}3\ \text{m} + 2{,}2\ \text{m} + 0{,}5\ \text{m} + 0{,}3\ \text{m} = 4{,}1\ \text{m}$

Gesamt: $l = 8{,}8\ \text{m} + 3{,}5\ \text{m} + 6{,}4\ \text{m} + 5{,}4\ \text{m} + 11{,}4\ \text{m} + 9{,}6\ \text{m} + 4{,}1\ \text{m} = 49{,}2\ \text{m}$

b) Die Leitungsdämpfung steigt mit der Signalfrequenz.

Aufgabe 10

a) Nein, es genügt, den Pegel an der „günstigsten" und an der „ungünstigsten" Antennensteckdose zu berechnen. Der Pegel der anderen Steckdosen liegt dazwischen. Die günstigste Antennensteckdose ist die mit der kürzesten Leitung zum LNB (OG, rechts), die ungünstigste Antennensteckdose ist die im Keller. Diese ist über die längste Leitung mit dem LNB verbunden und es wirkt zusätzlich noch die Dämpfung einer Durchgangsdose. An der Antennensteckdose im OG rechts wird also der Maximalpegel, an der Antennensteckdose im Keller der Minimalpegel anliegen. Eine Berechnung dieser beiden Pegel reicht somit zur Beurteilung dieser Empfangsanlage aus.

b) Leitungslängen:
LNB über Multischalter bis Dose OG (rechts): $l = 5{,}4\ \text{m} + 2{,}2\ \text{m} = 7{,}6\ \text{m}$
LNB über Multischalter bis Dose Keller: $l = 11{,}4\ \text{m} + 4{,}1\ \text{m} + 2{,}2\ \text{m} = 17{,}7\ \text{m}$
Leitungsdämpfung:
LNB bis Dose OG (rechts): $A_{L\text{min}} = 7{,}6\ \text{m} \cdot 0{,}515\ \text{dB/m} \approx 3{,}9\ \text{dB}$ (950 MHz)
LNB bis Dose Keller: $A_{L\text{max}} = 17{,}7\ \text{m} \cdot 0{,}773\ \text{dB/m} \approx 13{,}7\ \text{dB}$ (2150 MHz)
Maximaler Pegel (Antennensteckdose OG, rechts):
$L_{\text{max}} = 80\ \text{dB µV} - 3{,}9\ \text{dB} - 3\ \text{dB} - 2\ \text{dB} = 71{,}1\ \text{dB µV}$
Minimaler Pegel (Antennensteckdose Keller):
$L_{\text{max}} = 80\ \text{dB µV} - 13{,}7\ \text{dB} - 6\ \text{dB} - 2{,}5\ \text{dB} - 2\ \text{dB} = 55{,}8\ \text{dB µV}$

c) Minimalpegel und Maximalpegel werden eingehalten. Da jedoch der Maximalpegel nur ganz knapp eingehalten wird, könnte schon die Dämpfung der SAT-Receiver-Anschlussleitung zu einem Pegel unterhalb des Minimalpegels führen. An dieser Antennensteckdose wäre ein SAT-Receiver mit einer höheren Eingangsempfindlichkeit empfehlenswert!

Aufgabe 11

a) $M_a = 65\ \text{N} \cdot 2{,}5\ \text{m} + 390\ \text{N} \cdot 1{,}4\ \text{m} + 80\ \text{Nm} = 788{,}5\ \text{Nm}$

b) Das Biegemoment ist kleiner als 1650 Nm und somit zulässig.
Die Einspannlänge S beträgt 2,1 m, die gesamte Mastlänge l 4,6 m $\rightarrow S \geq \frac{1}{6} \cdot l$,
d. h. dass die Mindesteinspannlänge überschritten ist.
Das Biegemoment ist zulässig.

c) Die mechanische Sicherheit ist gegeben.

Markierungsbogen

	1	2	3	4	5	6	7	8	9	10
1	X								X	
2						X	X			
3				X	X			X		
4		X	X							X

	11	12	13	14	15
1		X			
2	X				
3					X
4			X	X	

Aufgabe U1

Fallbeispiel	Arbeits-gericht	Finanz-gericht	Sozial-gericht	Straf-gericht	Zivil-gericht
Bei einem Banküberfall verletzt Herr G. einen Angestellten schwer.				X	
Der Auszubildende Redlich ist mit seiner fristlosen Kündigung nicht einverstanden. Er klagt.	X				
Der Glaserbetrieb Wiechert verklagt einen Kunden auf Zahlung einer Rechnung.					X
Herr M. ist mit den Leistungen, die er als arbeitsloser Mechaniker erhält, nicht einverstanden. Die Arbeitsagentur weist seine Vorwürfe zurück. Er geht vor Gericht.			X		
Der Widerspruch gegen den Steuerbescheid von Frau Hag wurde abgelehnt. Sie will dagegen gerichtlich vorgehen.		X			

Aufgabe U2

Art des Leistung	Kranken-versicherung	Renten-versicherung	Unfall-versicherung	Arbeitslosen-versicherung
Berufsunfähigkeitsrente		X		
Umschulung nach Arbeitsunfall			X	
Umschulung aus Arbeitsmarktgründen				X
Arbeitslosengeld				X
Krankengeld	X			
Mutterschaftshilfe	X			

Aufgabe U3

1. Arbeitgeberanteil zur gesetzlichen Sozialversicherung, Lohnfortzahlung im Krankheitsfall, Arbeitgeberanteil zu vermögenswirksamen Leistungen, Fahrtkostenzuschüsse etc.
2. **Produktivität** = Output/Input: keine Auswirkung
   Wirtschaftlichkeit = Leistungen/Kosten: durch die steigenden Kosten sinkt die Wirtschaftlichkeit
3. Ist die Preissteigerung (Inflationsrate) höher als die Lohnerhöhung, sinkt der Reallohn (man verdient zwar mehr, kann sich dafür aber weniger kaufen).

Aufgabe U4

Rechte
- Recht auf Vermittlung der notwendigen Fertigkeiten und Kenntnisse.
- Recht auf Freistellung zum Berufsschulunterricht.
- Recht auf kostenlose Bereitstellung von Werkzeugen und Werkstoffen.
- Recht auf ein Zeugnis nach Ende der Ausbildungszeit.

Pflichten
- Lernpflicht
- Sorgfaltspflicht
- Befolgungspflicht
- Ordnungspflicht
- Schweigepflicht

Aufgabe U5

Art des Vertrages	Formlos	Schriftform	Schriftform mit Notar	Schriftform mit Urkundsbeamten und Zeugen
Immobilienkauf			X	
Heirat				X
Langfristiger Mietvertrag		X		
Kauf eines Autos auf Raten		X		
Einkauf im Supermarkt	X			
Testament		X		

Aufgabe U6

1. – Bei Nichtbestehen der Abschlussprüfung (BBiG § 21 Abs. 3)
   – Um das Ausbildungsziel zu erreichen (BBiG § 8 Abs. 2)
2. Der Auszubildende (BBiG §§ 21 Abs. 3/8 Abs. 2)
3. Eine Reduzierung der Ausbildungsvergütung ist nicht möglich (BBiG § 17 Abs.1).
   Wer allerdings die Ausbildungszeit verlängert, weil er die Abschlussprüfung nicht bestanden hat, hat keine Ansprüche auf ein höheres Entgelt.

Aufgabe U7

- Gewaltenteilung
- Grundrechte
- Volkssouveränität
- Rechtsstaatlichkeit

Aufgabe U8

Das aktive Wahlrecht ist das Recht aller Bürgerinnen und Bürger zu wählen.
Das passive Wahlrecht ist das Recht, gewählt zu werden.

Aufgabe U9

Abgeordnete des Bundestages genießen Immunität, d. h. sie sind vor Strafverfolgung geschützt. Die Polizei darf nur wegen einer mutmaßlichen Straftat ermitteln und einen Parlamentarier verhaften, wenn der Bundestag dem zustimmt und die Immunität aufhebt.

Aufgabe U10

Wandlung, Preisminderung, Umtausch, Nachbesserung, Schadensersatz

Aufgabe 1

a) Mittelspannung
b) Niederspannung

Aufgabe 2

Beim Ringnetz wird jeder Netzabschnitt über zwei Ringstrecken gespeist. Im Fehlerfall kann beim Ringnetz der fehlerhafte Netzabschnitt abgeschaltet werden. Die nachgeschalteten Verbraucher werden über die andere Ringstrecke versorgt. Beim Strahlennetz hingegen sind im Fehlerfall alle nachgeschalteten Verbraucher spannungsfrei geschaltet. Damit ist die Versorgungssicherheit beim Ringnetz höher als beim Strahlennetz.

Aufgabe 3

T: Sternpunkt des Transformators ist über Betriebserder geerdet.
N: Körper der Betriebsmittel sind direkt mit dem Betriebserder verbunden.
S: Neutralleiter und Schutzleiter sind getrennt zu den Betriebsmitteln geführt.

Aufgabe 4

a)

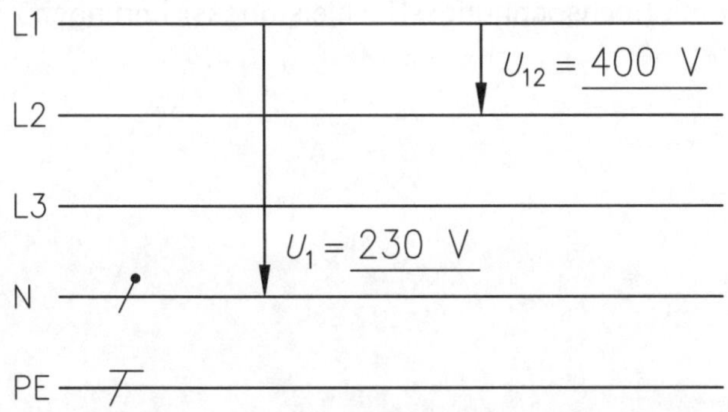

b) $\varphi = 120°$
c) $\varphi = 36{,}9°$

Aufgabe 5

	Erdungstrennschalter
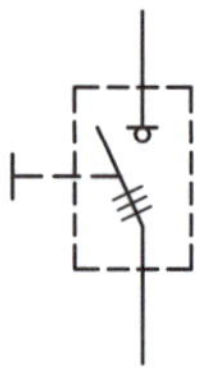	Lasttrennschalter
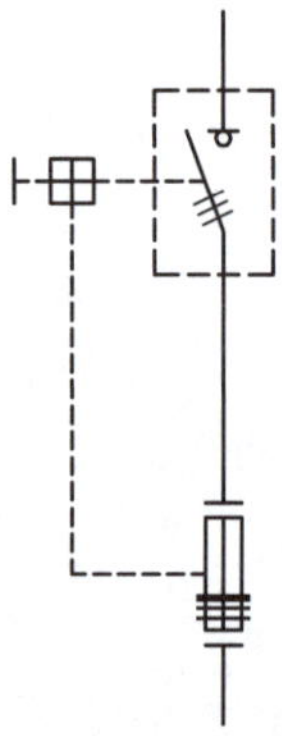	Lasttrennschalter mit Hochspannungs-Hochleistungssicherungen (HH-Sicherungen)

Aufgabe 6

Eine Freiauslösung verhindert mechanisch das Wiedereinschalten des Schutzgerätes, solange die Ursache der Abschaltung noch besteht, d. h. solange die Überlast oder der Kurzschluss nicht aufgehoben ist, lässt sich das Schutzgerät nicht wieder einschalten.

Aufgabe 7

a) Überspannungsableiter werden zum Schutz von Transformatoren vor Schalt- und Blitzüberspannungen eingesetzt. Überspannungen treten auf
   - beim Ein- und Ausschalten von Betriebsmitteln,
   - bei Einschlägen von Blitzen.

b)

Aufgabe 8

a) Der Eisenkern und die Wicklungen des Transformators sind im Ölkessel untergebracht, da Öl besser als Luft kühlt und isoliert.

b) Öl vergrößert sein Volumen bei Erwärmung. Das Öl aus dem Kessel kann sich in das Ölausdehnungsgefäß ausdehnen.

Aufgabe 9

a) Oberspannungswicklungen: Dreieckschaltung
Unterspannungswicklungen: Sternschaltung

b) $\varphi = 5 \cdot 30° = 150°$

c) Die Formel für das Übersetzungsverhältnis bei einem Drehstromtransformator vom Typ Dyn5 können Sie dem Tabellenbuch oder auch der Formelsammlung entnehmen.

$$\ddot{u} = \frac{U_1}{U_2}$$

$$\ddot{u} = \frac{N_1}{\sqrt{3} \cdot N_2}$$

$$N_2 = \frac{U_2}{U_1} \cdot \frac{N_1}{\sqrt{3}} = \frac{400\ \text{V}}{10\ \text{kV}} \cdot \frac{1000}{\sqrt{3}} = 23$$

Aufgabe 10

$U_1 = 10{,}4\ \text{kV}$
$U_1 = 10\ \text{kV}$
$U_1 = 9{,}6\ \text{kV}$

Aufgabe 11

Stromwandler sind Spezialtransformatoren zur Umsetzung von Strömen großer Stromstärke auf direkt messbare Werte. Bedingt durch ihre konstruktive Gestaltung erzielt man mit ihnen eine Trennung des Eingangskreises vom Messkreis.

Aufgabe 12

Aus sicherheitstechnischen Gründen muss die Sekundärwicklung eines Messwandlers, der in einem Hochspannungsnetz eingebaut ist, einseitig geerdet werden, um bei einem Durchbruch der Wicklungsisolation eine Gefährdung des Betriebspersonals durch Hochspannung zu verhindern.

Aufgabe 13

Schaltungsnummern siehe Tabellenbuch:

3: Wirkverbrauchszähler im Dreileitersystem
0: keine Zusatzeinrichtung
2: Anschluss über Strom- und Spannungswandler
0: kein äußerer Anschluss der Zusatzeinrichtung

Aufgabe 1

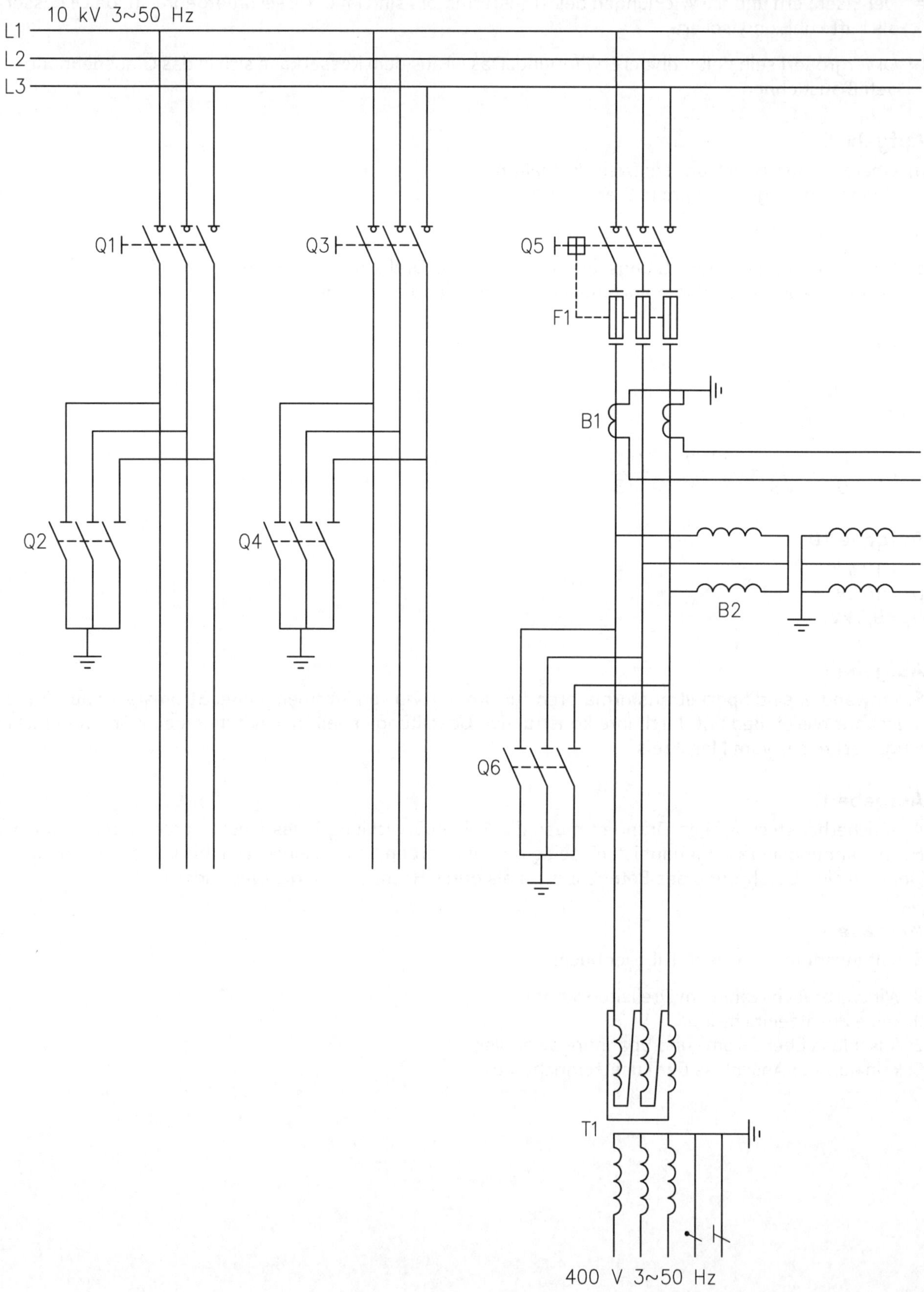

Aufgabe 2

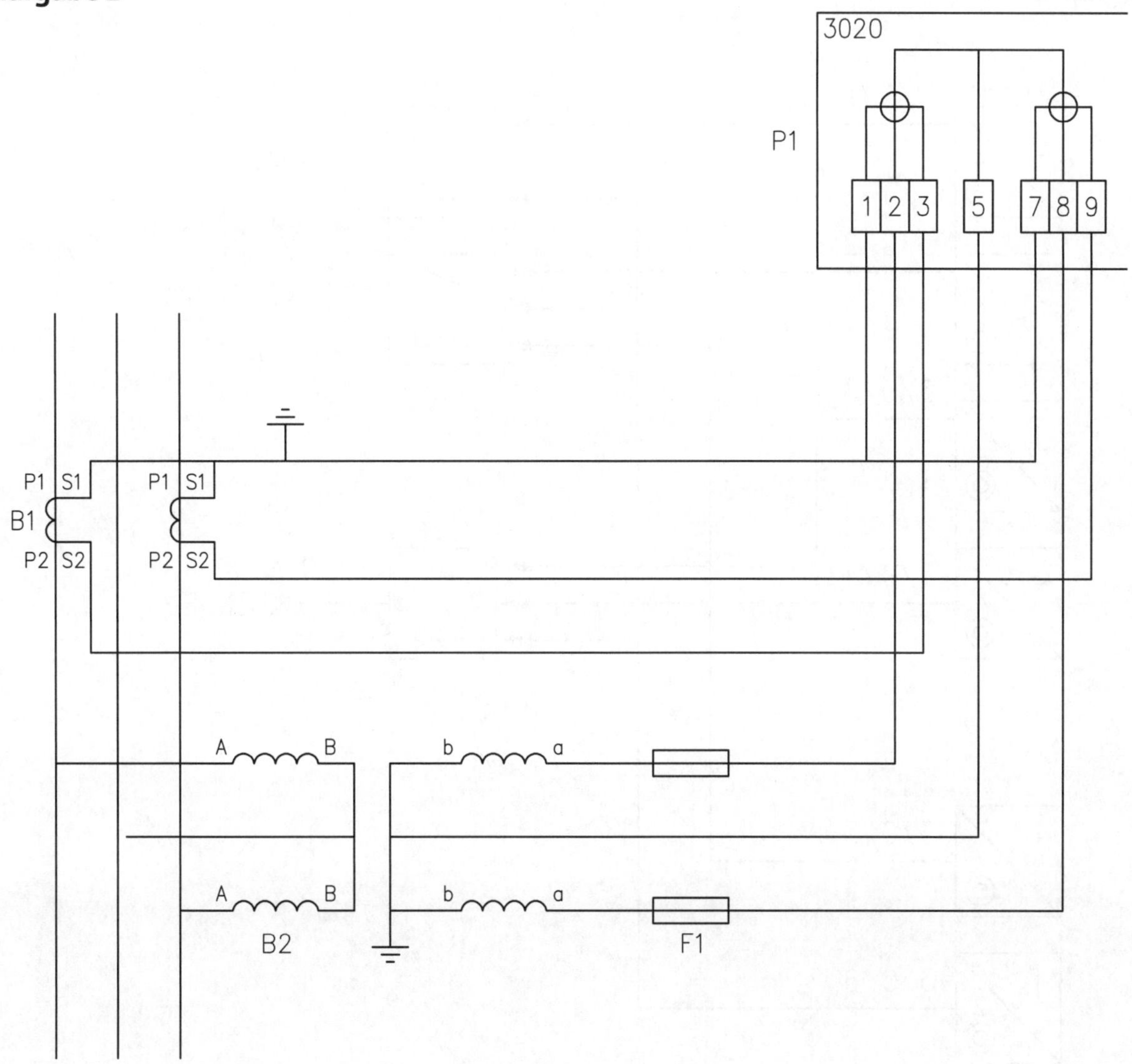

Aufgabe 3

a) Berührbare, nicht zum Betriebsstromkreis gehörende Metallteile von elektrischen Betriebsmitteln, die Teil des elektrischen Netzes sind, müssen geerdet werden. Metallteile, die nicht zu elektrischen Betriebsmitteln gehören, sind zu erden, wenn an diesen im Fehlerfall, z. B. durch Störlichtbögen, Gefährdungsspannungen auftreten können. Dazu gehören z. B. Lüftungsgitter, metallene Schaltgerüste und Schutzgitter.

b) Betriebserdung ist allgemein die Erdung elektrischer Anlagenteile. In der hier vorliegenden Kundenanlage wird der Transformatorsternpunkt geerdet und bildet die Betriebserde des 400-V-Netzes.

Aufgabe 4

- Der Verkabelungsaufwand wird minimiert.
- Die Anzahl der möglichen Systemfunktionen wird vergrößert.
- Bei Änderung der Nutzung ist die Anlage leicht anpassbar.
- Die Anlage kann aus der Ferne bedient werden (Internet/Telefon).
- Ein wirtschaftlicher Energieeinsatz ist möglich.
- Der Komfort wird erhöht.

Aufgabe 5

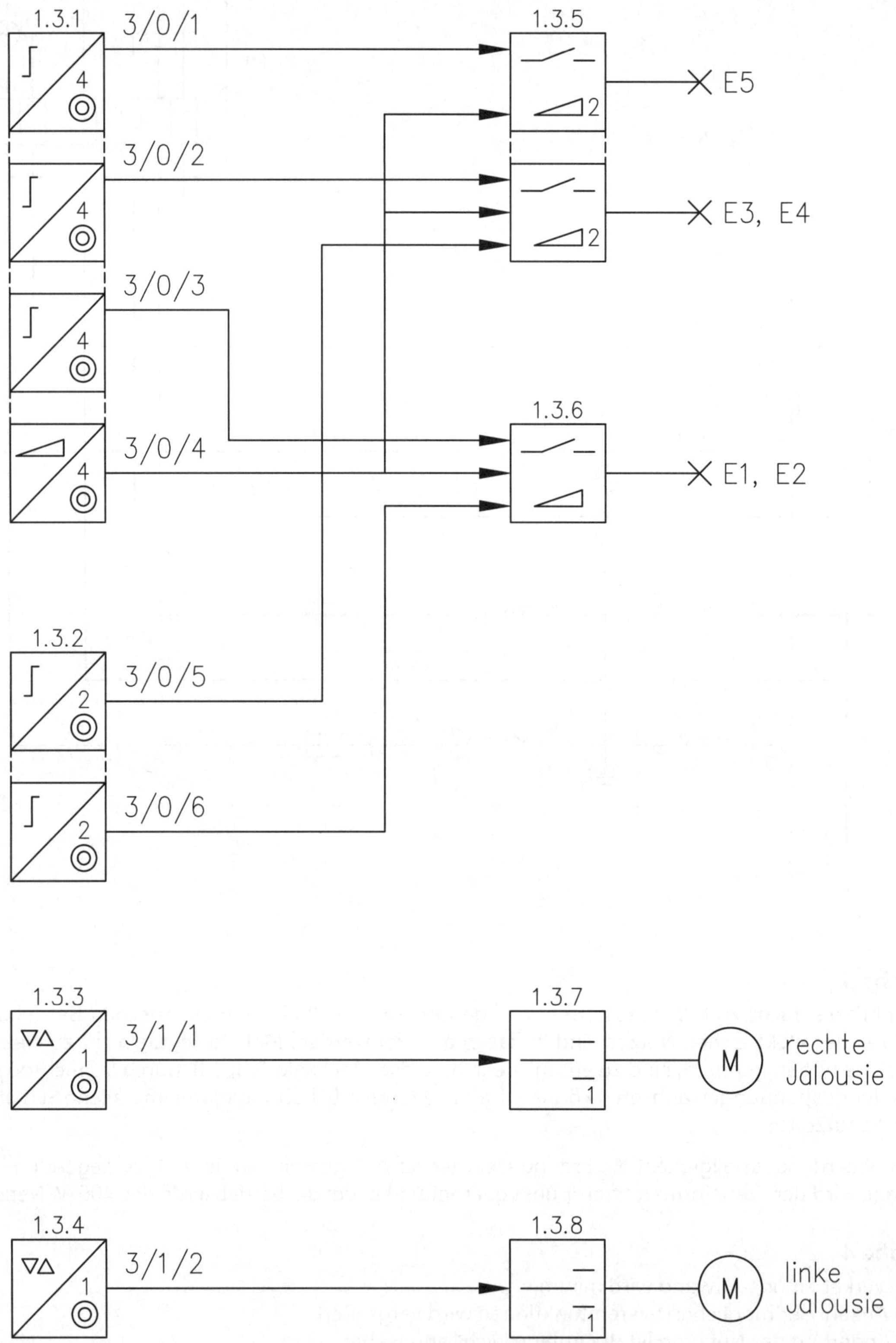
1.3.1
3/0/1
3/0/2
3/0/3
3/0/4
1.3.5
E5
E3, E4
1.3.6
E1, E2
1.3.2
3/0/5
3/0/6
1.3.3
3/1/1
1.3.7
M
rechte
Jalousie
1.3.4
3/1/2
1.3.8
M
linke
Jalousie

Aufgabe 6

Physikal. Adresse	Geräte-Typ	Hersteller	Einbauort	Kanal/ Objekt	sendende Adresse	empfangende Adresse	Bemerkung
KNX	**Geräteliste**		Objekt:			erstellt am: / Bearbeiter:	letzte Änderung: / geändert durch: / Blatt: 1 / von: 1
1.3.1	Tastsensor 4-fach, UP	XYZ	Schulungsraum	1	3/0/1		Leuchtband E5 Ein / Aus
1.3.1	Tastsensor 4-fach, UP	XYZ	Schulungsraum	2	3/0/2		Leuchtband E3, E4 Ein / Aus
1.3.1	Tastsensor 4-fach, UP	XYZ	Schulungsraum	3	3/0/3		Leuchtband E1, E2 Ein / Aus
1.3.1	Tastsensor 4-fach, UP	XYZ	Schulungsraum	4	3/0/4		Leuchtband E1, E2, E3, E4, E5 Dimmen
1.3.2	Tastsensor 2-fach, UP	XYZ	Schulungsraum	1	3/0/5		Leuchtband E3, E4 Ein / Aus
1.3.2	Tastsensor 2-fach, UP	XYZ	Schulungsraum	2	3/0/6		Leuchtband E1, E2 Ein / Aus
1.3.3	Tastsensor 1-fach, UP	XYZ	Schulungsraum	1	3/1/1		Jalousie rechts Auf / Ab
1.3.4	Tastsensor 1-fach, UP	XYZ	Schulungsraum	1	3/1/2		Jalousie links Auf / Ab
1.3.5	Schalt-/Dimmaktor 2-fach, UP	XYZ	Verteilung / Flur	1		3/0/1 3/0/4	Leuchtband E5 Ein / Aus Leuchtband E5 Dimmen
1.3.5	Schalt-/Dimmaktor 2-fach, UP	XYZ	Verteilung / Flur	2		3/0/2 3/0/5 3/0/4	Leuchtband E3, E4 Ein / Aus Leuchtband E3, E4 Dimmen
1.3.6	Schalt-/Dimmaktor 1-fach, UP	XYZ	Verteilung / Flur	1		3/0/3 3/0/6 3/0/4	Leuchtband E1, E2 Ein / Aus Leuchtband E1, E2 Dimmen
1.3.7	Jalousieaktor 1-fach, UP	XYZ	Verteilung / Flur	1		3/1/1	Jalousie rechts Auf / Ab
1.3.8	Jalousieaktor 1-fach, UP	XYZ	Verteilung / Flur	1		3/1/2	Jalousie links Auf / Ab

Aufgabe 7

- Prüfung auf Einhaltung der zulässigen Leitungslängen
- Sichtprüfung auf Kennzeichnung der Busleitungsenden
- Prüfung auf unzulässige Leitungsverbindungen
- Messung des Isolationswiderstandes der Busleitungen
- Polaritätsprüfung an Busteilnehmern
- Messung der Spannung an den Busleitungsenden
- Protokollierung der Prüfergebnisse

Aufgabe 8

$t = 128 \cdot 8 \cdot 4\ \text{ms} = 4096\ \text{ms} \approx 4{,}1\ s$

Aufgabe 9

a) Busleitung und Stromversorgungsleitungen müssen mit möglichst geringem Abstand zueinander verlegt werden.
b) Die Fläche der entstehenden Induktionsschleife wird dadurch klein gehalten und induzierte Störspannungen bleiben meist ungefährlich.
c) 4 mm

Aufgabe 10

a) 2 x 2 x 0,8 mm mit Abschirmung und Kunststoffmantel. Die rote und die schwarze Aderleitung sind miteinander verdrillt, die gelbe und die weiße ebenfalls (twisted pair).

b)

rot	EIB+		
schwarz	EIB–		
gelb		anderer SELV-Stromkreis	unbenutzt
weiß		anderer SELV-Stromkreis	unbenutzt

Aufgabe 11

- Sie müssen für eine Schraubbefestigung geeignet sein.
- Bei Kombinationen muss eine sichere elektrische Trennung zwischen dem Bus- und dem 230-V-Bereich gewährleistet sein.

Aufgabe 12

- Abzweigen der Busleitung
- Verlängern der Busleitung
- Schützen der Busleitungsenden
- Anschluss der Busleitung ans Busgerät

Aufgabe 13

Die Linien sind galvanisch getrennt.
Die galvanische Trennung wird im Koppler realisiert.

Markierungsbogen

	1	2	3	4	5	6	7	8	9	10
1		X	X				X			
2	X				X				X	
3				X				X		
4						X				X

	11	12	13	14	15
1					
2	X			X	X
3					
4		X	X		

Aufgabe U1

- Art, sachliche und zeitliche Gliederung sowie Ziel der Ausbildung
- Beginn und Dauer der Ausbildung
- Dauer der regelmäßigen täglichen Ausbildungszeit
- Dauer der Probezeit
- Zahlung und Höhe der Vergütung
- Dauer des Urlaubs
- Ausbildungsmaßnahmen außerhalb der Ausbildungsstätte

Aufgabe U2

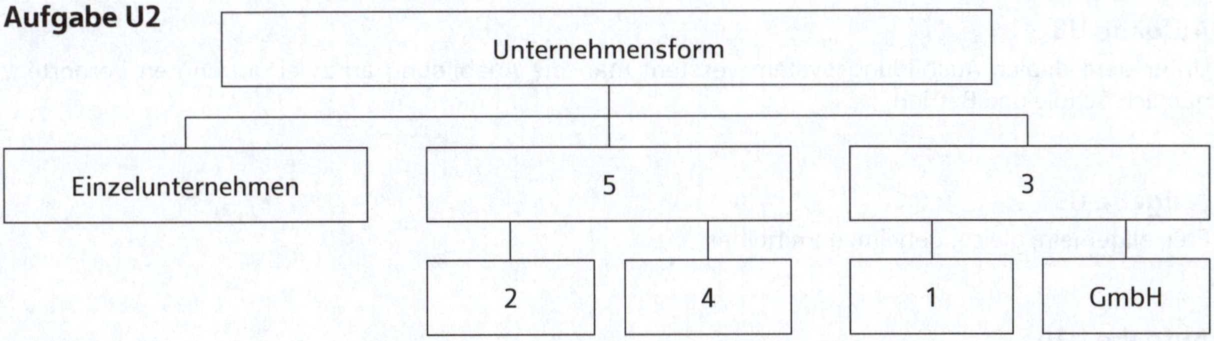

Aufgabe U3

(1) Die Aussage ist falsch. Die sich stark verändernde Alterstruktur und der Geburtenrückgang erweisen sich als großes Problem für das Modell des Generationsvertrags.

(2) Mit den Beiträgen der heutigen Sozialversicherten werden die Altersbezüge der heutigen Rentner bezahlt. Die nächste berufstätige Generation übernimmt dann die Renten der momentanen Beitragszahler.

(3) Gesetzliche, private und betriebliche Rentenversicherung

Aufgabe U4

- Auszubildende nach der Probezeit
- Schwerbehinderte
- Schwangere
- Wehrpflichtige und Zivildienstleistende (aktuell ist die Wehrpflicht ausgesetzt)
- Mitglieder des Betriebsrates und der Jugend- und Auszubildendenvertretung

Aufgabe U5

1. Nein, gemäß § 1 Betriebsverfassungsgesetz müssen mindestens fünf Arbeitnehmer wahlberechtigt sein. Wahlberechtigt ist man gemäß § 7 Betriebsverfassungsgesetz erst ab dem vollendeten 18. Lebensjahr. Da die Auszubildende erst 17 ist, ist die Errichtung eines Betriebsrats nicht möglich.
2. Der Betriebsrat kann gegründet werden, da jetzt sechs Arbeitnehmer wahlberechtigt sind.

Aufgabe U6

Rechtsfähigkeit ist die Fähigkeit, Rechte und Pflichten wahrnehmen zu können. Sie beginnt mit der Geburt und endet mit dem Tod.

Geschäftsfähigkeit ist die Fähigkeit Rechtsgeschäfte selbstständig und gültig abzuschließen.

Aufgabe U7

- Sonnenenergie: Die Kraft der Sonne wird genutzt, um Strom und Wärme zu erzeugen.
- Windenergie: Die Bewegung der Luft wird genutzt, um Windkraftanlagen anzutreiben.
- Wasserkraft: Die Strömung oder der Fall von Wasser wird genutzt, um Strom in Wasserkraftwerken zu erzeugen.
- Bioenergie: Nachwachsende Rohstoffe wie Holz, Pflanzen oder Abfälle werden genutzt, um Wärme, Strom oder Biogas zu erzeugen.
- Geothermie: Nutzung von Erdwärme zur Erzeugung von Strom und Wärme.

Aufgabe U8

Unter dem dualen Ausbildungssystem versteht man die Ausbildung an zwei getrennten Lernorten, nämlich Schule und Betrieb.

Aufgabe U9

Frei, allgemein, gleich, geheim, unmittelbar.

Aufgabe U10

Vorteile:
- Unabhängigkeit von Ort und Zeit
- Überweisungen sind schneller
- Häufig sind die Kontoführungsgebühren niedriger

Nachteile:
- Kein persönlicher Kontakt zum Bankmitarbeiter/zur Bankmitarbeiterin, daher kaum Beratung
- Gefahr durch Kriminelle, die in Computersysteme eindringen und sie manipulieren

Aufgabe 1

a) Steuerung	b) Regelung
offener Wirkungsweg (Steuerkette)	geschlossener Wirkungsweg (Regelkreis)
Messen der Ausgangsgröße nicht notwendig	Messen der zu regelnden Größe
kein ständiger Vergleich mit einem Sollwert	ständiger Vergleich mit Sollwert
	Angleichen der zu regelnden Größe an den Sollwert

Aufgabe 2

a) $T_{RSoll} = 26\ °C$
b) $T_{RSoll} = 36{,}5\ °C$

3

Regelkreis DIN	Anlage
Bildung der Führungsgröße	Heizkurve
Regler	Zweipunktregler mit Hysterese
Steller	Drehstrom-Asynchronmotor M1
Stellglied	Kompressor
Regelstrecke	Wohnräume, Heizkreis
Messeinrichtung	Temperaturfühler Rücklauftemperatur, Messumformer

Aufgabe 4

Regelkreis DIN	Anlage
c	Außentemperatur
w	Rücklauftemperatur Soll
m	Spannung Drehstrom-Asynchronmotor
y	Drehzahl Kompressor
x	Rücklauftemperatur Ist
r	elektrisches Einheitssignal Rücklauftemperatur Ist

Aufgabe 5

a) $X_{sd} \approx 4\ °C$

b) $t_{aus} \approx 30\ min$

c) $t_{ein} \approx 30\ min$

d) $T_Z = t_{aus} + t_{ein} \approx 30\ min + 30\ min = 60\ min$

e) $f_Z = \frac{1}{T_Z} \approx \frac{1}{60\ min} = 1 \frac{1}{h}$

6

Je größer die Hysterese, desto kleiner die Schalthäufigkeit.

Aufgabe 7

- kleine Regelabweichung
- schnelle Annäherung an den Sollwert
- geringes Überschwingen
- stabile Regelung

Aufgabe 8

a) Das Führungsverhalten beschreibt die Reaktion der Regelgröße bei einer Änderung der Führungs größe.

b) Das Störverhalten beschreibt die Reaktion der Regelgröße bei einer Änderung einer Störgröße.

Aufgabe 9

a) 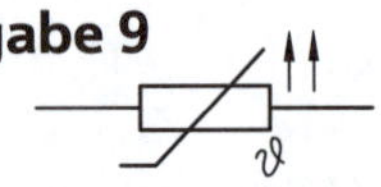

b) Ein PTC-Widerstand ist ein Kaltleiter. Bei ansteigender Temperatur nimmt der Widerstand zu.

Aufgabe 10

a) $U = \frac{25\ °C}{150\ °C} \cdot 10\ V + 3{,}33\ V = 5\ V$

b) $U = \frac{-10\ °C}{150\ °C} \cdot 10\ V + 3{,}33\ V = 2{,}7\ V$

Aufgabe 11

a) $\varepsilon = \frac{P_2}{P_{el}}$

$P_{el} = \frac{P_2}{\varepsilon}$

$P_{el} = \frac{9{,}2\ kW}{4{,}2} = 2{,}2\ kW$

b) 23,8 %

Aufgabe 1

a) $p = 2, f = 50$ Hz

$$n_f = \frac{f}{p}$$

$$n_f = \frac{50\ \text{Hz}}{2} = 1500\ \text{min}^{-1}$$

b) Schutz gegen Staubablagerungen und vollständiger Berührungsschutz. Schutz gegen Wasserstrahl aus allen Richtungen.

c) Periodischer Aussetzbetrieb mit Einfluss des Anlaufvorganges.

d) Flanschbefestigung, senkrechte Lage, ohne Füße, zwei Lagerschilde, Anbau am Boden.

e) Grenztemperatur der Motorwicklung beträgt 155 °C.

Aufgabe 2

Baugröße 100 LH/4

Aufgabe 3

a) Der Motor ist aufgrund der Bemessungsspannung von 230/400 V in Sternschaltung an das 400 V-Netz anzuschließen.

b)

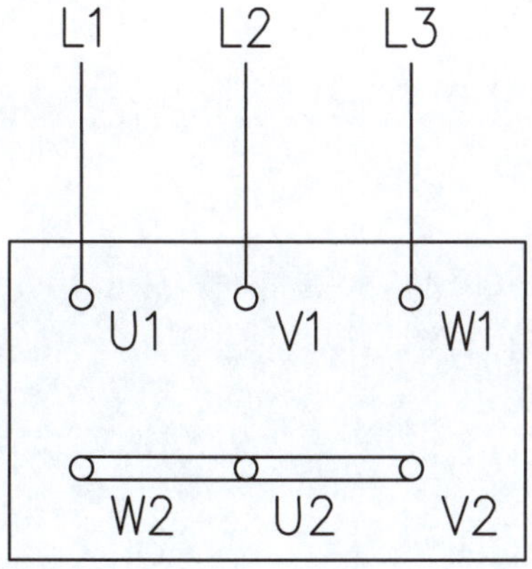

Aufgabe 4

$$s = \frac{n_f - n_N}{n_f} = \frac{1500\ \text{min}^{-1} - 1445\ \text{min}^{-1}}{1500\ \text{min}^{-1}} = 0{,}0376 \mathrel{\hat{=}} 3{,}67\ \%$$

Aufgabe 5

a) $$P_{zu} = \frac{P_N}{\eta} = \frac{2{,}2\ \text{kW}}{0{,}866} = 2{,}54\ \text{kW}$$

b) $$S = \frac{P_{zu}}{\cos \varphi} = \frac{2{,}54\ \text{kW}}{0{,}79} = 3{,}22\ \text{kVA}$$

$$Q = \sqrt{S^2 - P_{zu}^2} = \sqrt{(3{,}22\ \text{kVA})^2 - (2{,}54\ \text{kW})^2} = 1{,}98\ \text{kVAr}$$

Aufgabe 6

Die Auslösestromstärke einer Schmelzsicherung ist nicht auf den Bemessungsstrom des Motors einstellbar.

Aufgabe 7

Über den Strom kann nur indirekt auf die Temperatur der Motorwicklung geschlossen werden. Bei der hier vorliegenden Betriebsart S4 lösen die Bimetallauslöser eines Motorschutzschalters gelegentlich unnötig aus. Bei erhöhter Umgebungstemperatur oder verschlechterter Kühlbedingung kann sich die Temperatur übermäßig erhöhen und der Bimetallauslöser spricht nicht an. Beim Motorvollschutz wird die Temperatur mit Temperaturfühlern im Wickelkopf direkt gemessen.

Aufgabe 8

Der Asynchronmotor der Baugröße 100 LH/4 hat entsprechend der Motorentabelle in der Anlage ein Verhältnis vom Anlaufstrom zum Bemessungsstrom von 7,3. Die Gebrauchskategorie AC-3 ist mit dem Verhältnis Anlaufstrom zu Bemessungsstrom von 8,0 ausreichend (s. Tabellenbuch).

Aufgabe 9

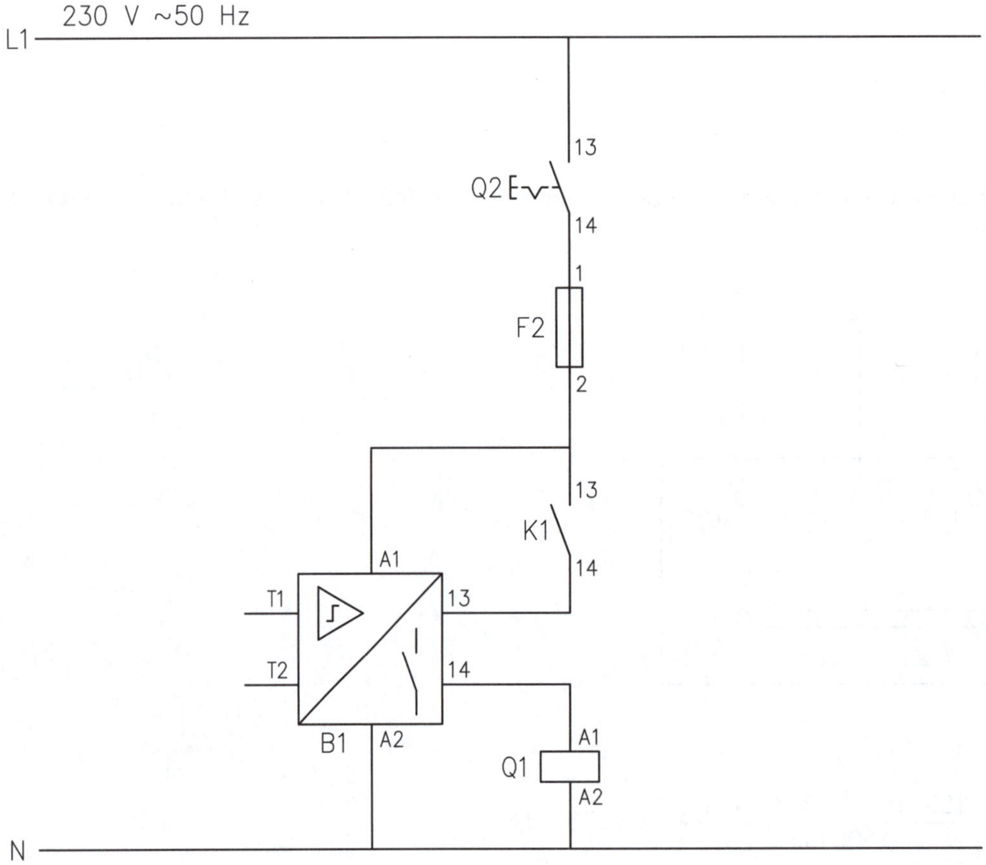

Aufgabe 10

a) Die Wicklungstemperatur des Drehstrom-Asynchronmotors wird von Temperaturfühlern überwacht. Die Temperaturfühler sind mit dem Steuergerät B1 über die Anschlüsse T1/T2 verbunden. Im Normalbetrieb ist das Schaltglied 13/14 von B1 geschlossen.

Die Elektronik des Zweipunktreglers schaltet das Relais K1. Über das Schütz Q1 wird der Kompressormotor der Wärmepumpe geschaltet.

b) Bei Überschreitung der Grenztemperatur fließt im Stromkreis des Temperaturfühlers ein geringerer Strom. Das Schaltglied 13–14 des Steuergerätes B1 öffnet. Das Schütz Q1 fällt ab und der Kompressormotor kommt zum Stillstand.

Aufgabe 11

a) Ein Drehstrom-Asynchronmotor hat ein hohes Anlaufmoment. Die Anlaufströme betragen ein Vielfaches des Bemessungsstroms. Ein Sanftanlasser vermindert den Anlaufstrom. Stoßartige Belastungen des Kompressors werden vermieden.

b) Sanftanlasser im Vergleich zur Stern-Dreieck-Schaltung:
- geringere Stromspitzen und damit geringere Netzbelastung
- geringere Drehmomentspitzen und damit geringere mechanische Belastung des Kompressors und der technischen Anlage
- höhere Lebensdauer und geringerer Wartungsaufwand der technischen Anlage

c) Sanftanlasser im Vergleich zu einem Frequenzumrichter:
- kostengünstiger
- geringere Verluste
- geringere Netzrückwirkungen durch Oberwellen

Markierungsbogen

	1	2	3	4	5	6	7	8	9	10
1		X								
2				X	X		X		X	
3			X			X				
4	X							X		X

	11	12	13	14	15
1	X				X
2			X		
3		X			
4				X	

Aufgabe U1

Die Vertragspartner wollen feststellen, ob die mit dem Vertrag verbundenen Bedingungen erfüllt werden. Es soll überprüft werden, ob der Auszubildende bzw. der Betrieb der „richtige" ist, oder ob man sich anders orientieren sollte.

Aufgabe U2

Ein Eigentümer ist der rechtliche Herrscher über einen Gegenstand, er kann damit machen, was er will. Ein Besitzer ist nur der momentane Herrscher über einen Gegenstand.

Aufgabe U3

Renten-, Kranken-, Arbeitslosen- und Pflegeversicherung

Aufgabe U4

1. Laut § 3 Arbeitszeitgesetz darf die wöchentliche Arbeitszeit (Samstag = Werktag) maximal 60 Stunden betragen.
2. Laut § 3 Arbeitszeitgesetz darf die werktägliche Arbeitszeit innerhalb von 6 Monaten oder 24 Wochen durchschnittlich acht Stunden nicht überschreiten.
3. Laut § 4 Arbeitszeitgesetz beträgt die Pause mindestens 45 Minuten.

Aufgabe U5

Geschäftsunfähig: bis zum 7. Lebensjahr
Beschränkt geschäftsfähig: 7. bis 18. Lebensjahr
Voll geschäftsfähig: ab Vollendung des 18. Lebensjahres

Aufgabe U6

Freier Warenverkehr, freier Personenverkehr, freier Dienstleistungsverkehr und freier Kapitalverkehr.

Aufgabe U7

Gewaltenteilung bedeutet, dass die Staatsmacht nicht von einer Person oder einer Gruppe von Personen allein ausgeübt wird, sondern auf drei staatliche Machtorgane verteilt ist:

- Gesetzgebende Gewalt (Legislative)
- Ausführende Gewalt (Exekutive)
- Richterliche Gewalt (Judikative)

Diese drei Machtorgane sollen sich gegenseitig kontrollieren, damit die Bevölkerung vor einem Machtmissbrauch geschützt ist.

Aufgabe U8

Grundrechte: z. B. Meinungs-, Informations-, Religions-, Versammlungsfreiheit, freie Berufswahl.
Grundpflichten: Schul- und Wehrpflicht.

Aufgabe U9

Der Bundespräsident wird von der Bundesversammlung gewählt.

Aufgabe 1

a) Sonnenlicht wird direkt und ohne Einsatz eines Generators in elektrische Energie umgewandelt.

b) Fotoelektrischer Effekt (Fotoeffekt)

c) Gleichrichterdiode

Aufgabe 2

a) – Beschattete Module wirken als Verbraucher. Dadurch besteht die Gefahr der Überhitzung/Zerstörung dieser Module.
   – Die eingespeiste elektrische Leistung sinkt.

b) Bypass-Dioden schützen beschattete Module vor der Zerstörung.

c)

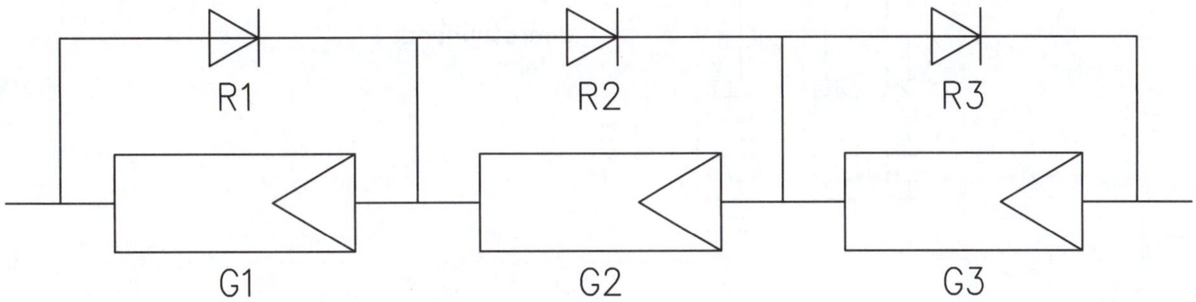

Aufgabe 3

- Neigung des Moduls (Dachneigung)
- Ausrichtung des Moduls (Himmelsrichtung)
- Wirkungsgrad der Solarzellen
- Geografische Breite (Durchschnittliche Anzahl von Sonnenstunden)

Aufgabe 4

Er wandelt die Gleichspannung der Module in eine netzkonforme Wechselspannung.

Aufgabe 5

Solarmodul: $U_0 = 40{,}4\ \text{V}$
Solarzelle: $U_0 = 40{,}4\ \text{V}/60 = 0{,}67\ \text{V}$

Aufgabe 6

Gesamtleerlaufspannung eines Teilgenerators:
$U_0 = 12 \cdot 40{,}4\ \text{V} = 484{,}8\ \text{V}$
→ Spannungsfestigkeit der Leitung wird überschritten.
Die Leitung ist nur geeignet für die innere Verdrahtung von Geräten.

Aufgabe 7

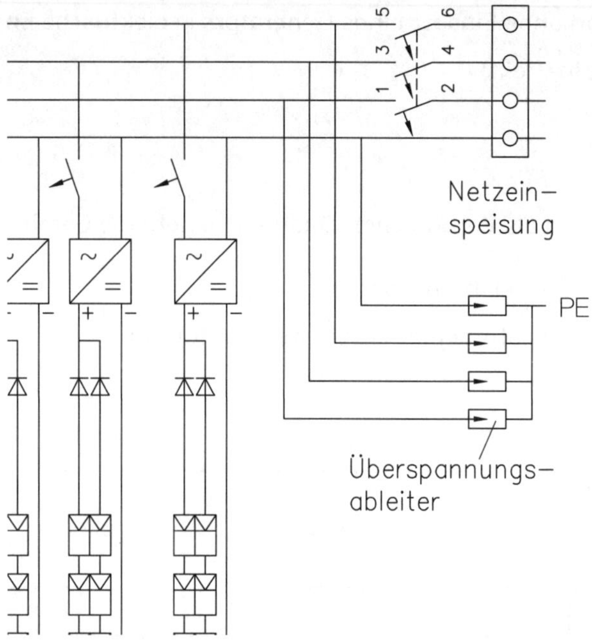

Aufgabe 8

a) Eingestrahlte Jahreslichtenergie: 1000 KWh/m^2

b) Modulwirkungsgrad = 19,4 % (s. Datenblatt)
Elektrische Energie: $W = 1000\ KWh/m^2\ 0{,}194 \cdot 1\ m^2 = 194\ KWh$

c) Vergütung: $V = 194\ KWh \cdot 0{,}75 \cdot 10{,}7\ \frac{ct}{kWh} = 1557\ ct = 15{,}57\ EUR$

Aufgabe 1

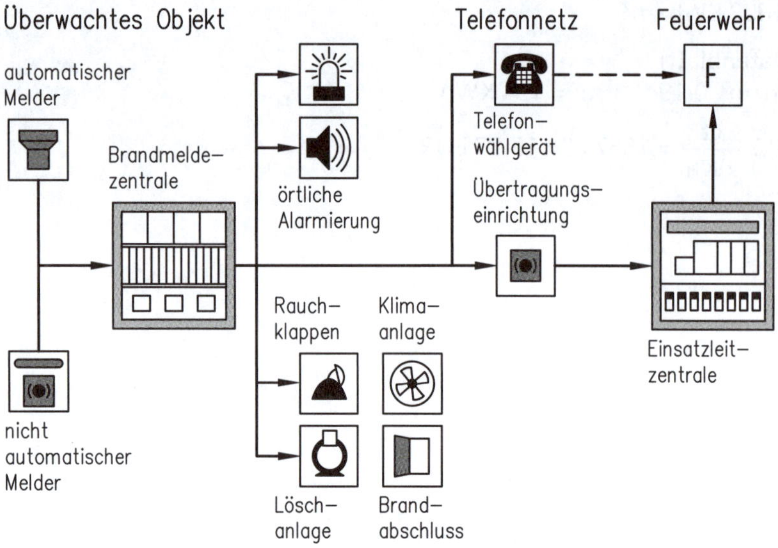

Aufgabe 2

Bei einer Überbrückungszeit (Betriebsdauer) von 4 h nach DIN VDE 0833-1 muss die Netzersatzanlage für mindestens 72 h (30 h) den Betrieb der BMA aufrechterhalten.

Aufgabe 3

a) Brandmeldezentrale:
Meldebereiche umfassen maximal 12000 m², jedoch nicht mehr als 512 Melder.

b) Meldebereiche:
Ein Meldebereich darf sich grundsätzlich nur über ein Geschoss erstrecken. Ausgenommen sind Treppenräume sowie Licht- und Aufzugsschächte, die eigene Meldebereiche bilden.

c) Meldergruppen:
Einer Meldergruppe dürfen nur Melder eines Meldebereichs angehören. Für automatische Brandmelder und Handfeuermelder sind eigene Meldergruppen vorzusehen. Diese dürfen nicht mehr als je 10 Handfeuermelder oder 32 automatische Brandmelder enthalten.
Meldergruppen müssen unabhängig voneinander abschaltbar sein.

d) Anordnung von Handfeuermeldern:
Handfeuermelder müssen
- gut sichtbar angebracht sein,
- frei zugänglich sein,
- einen Druckknopf in 1,4 m ± 0,2 m Höhe über dem Fußboden haben,
- ausreichend durch Tageslicht oder von einer anderen Lichtquelle beleuchtet sein,
- in den Flucht- und Rettungswegen installiert werden.

e) Anzahl und Anordnung automatischer Brandmelder:
Die Anzahl und Anordnung der automatischen Brandmelder richtet sich nach der Art der verwendeten Melder, nach der Raumgeometrie, nach der Verwendungsart und nach den Umgebungsbedingungen in den zu überwachenden Räumen. Sie sind so zu wählen, dass Brände in der Entstehungsphase zuverlässig erkannt und Täuschungsalarme vermieden werden können.

Aufgabe 4

a) VdS-gerechte Brandmeldeanlage:
   - Die BMA muss nach VdS 2095 geplant sein.
   - Es werden anerkannte Teile verwendet, die auf funktionsmäßiges Zusammenwirken abgestimmt sind.
   - Die Anlage wird durch anerkannte Fachfirmen errichtet.
   - Hierbei werden die anerkannten Regeln der Technik beachtet.

b) Inspektion:
   Maßnahme zur Feststellung und Beurteilung des Ist-Zustandes von technischen Mitteln eines Systems.
   Diese findet viermal jährlich in gleichen Zeitabständen statt.

c) Wartung:
   Maßnahmen zur Bewahrung des Sollzustandes von technischen Mitteln eines Systems.
   Nach Herstellerangaben, aber mindestens einmal jährlich.

Aufgabe 5

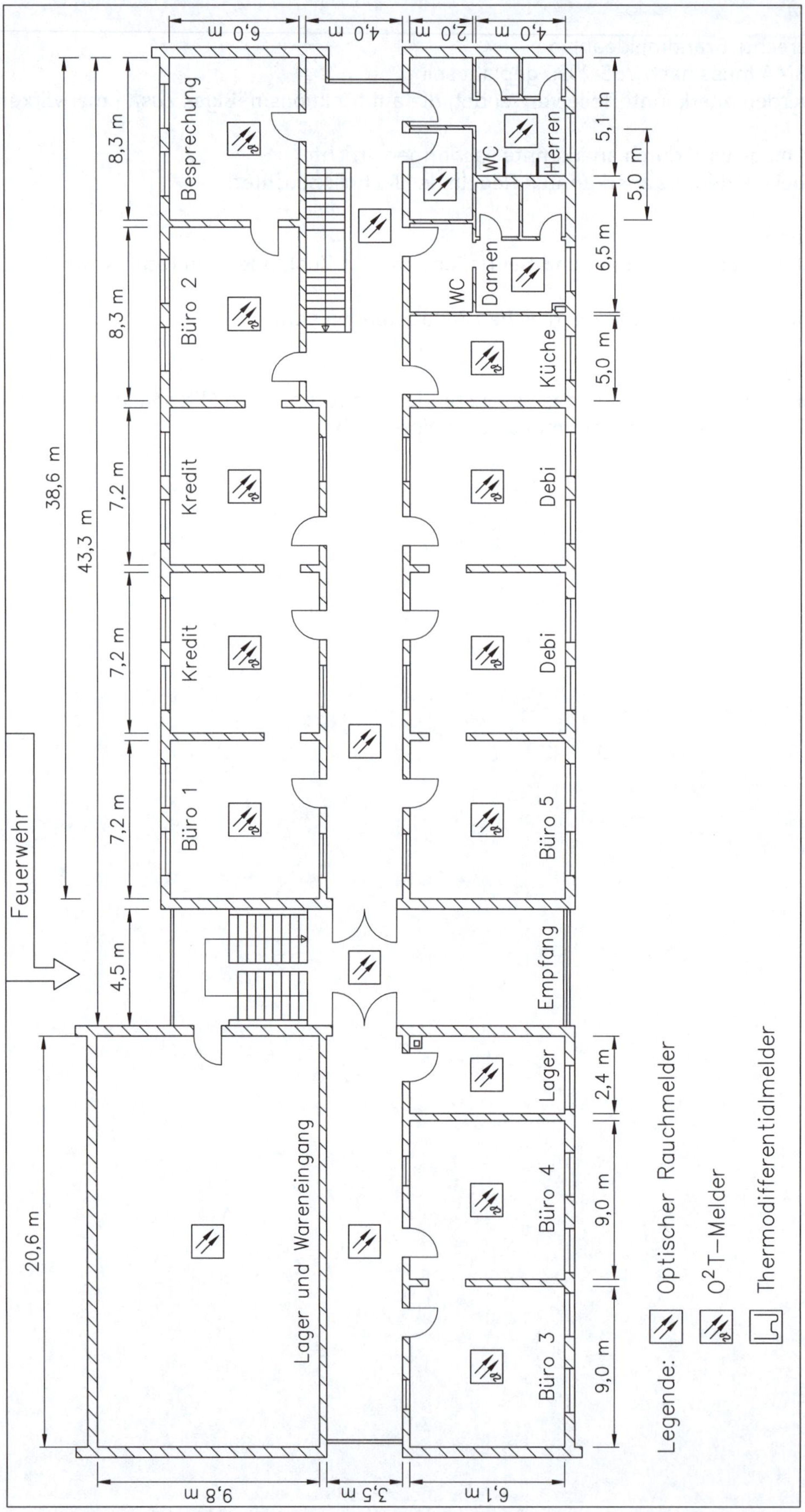
6,0 m
4,0 m
2,0 m
4,0 m
Besprechung
Büro 2
Kredit
Kredit
Büro 1
WC
Herren
WC
Damen
Küche
Debi
Debi
Büro 5
Empfang
Lager
Büro 4
Büro 3
Lager und Wareneingang
Feuerwehr
8,3 m
8,3 m
7,2 m
7,2 m
7,2 m
4,5 m
38,6 m
43,3 m
20,6 m
5,1 m
5,0 m
6,5 m
5,0 m
2,4 m
9,0 m
9,0 m
9,8 m
3,5 m
6,1 m
Legende:
Optischer Rauchmelder
O²T–Melder
Thermodifferentialmelder

Aufgabe 6

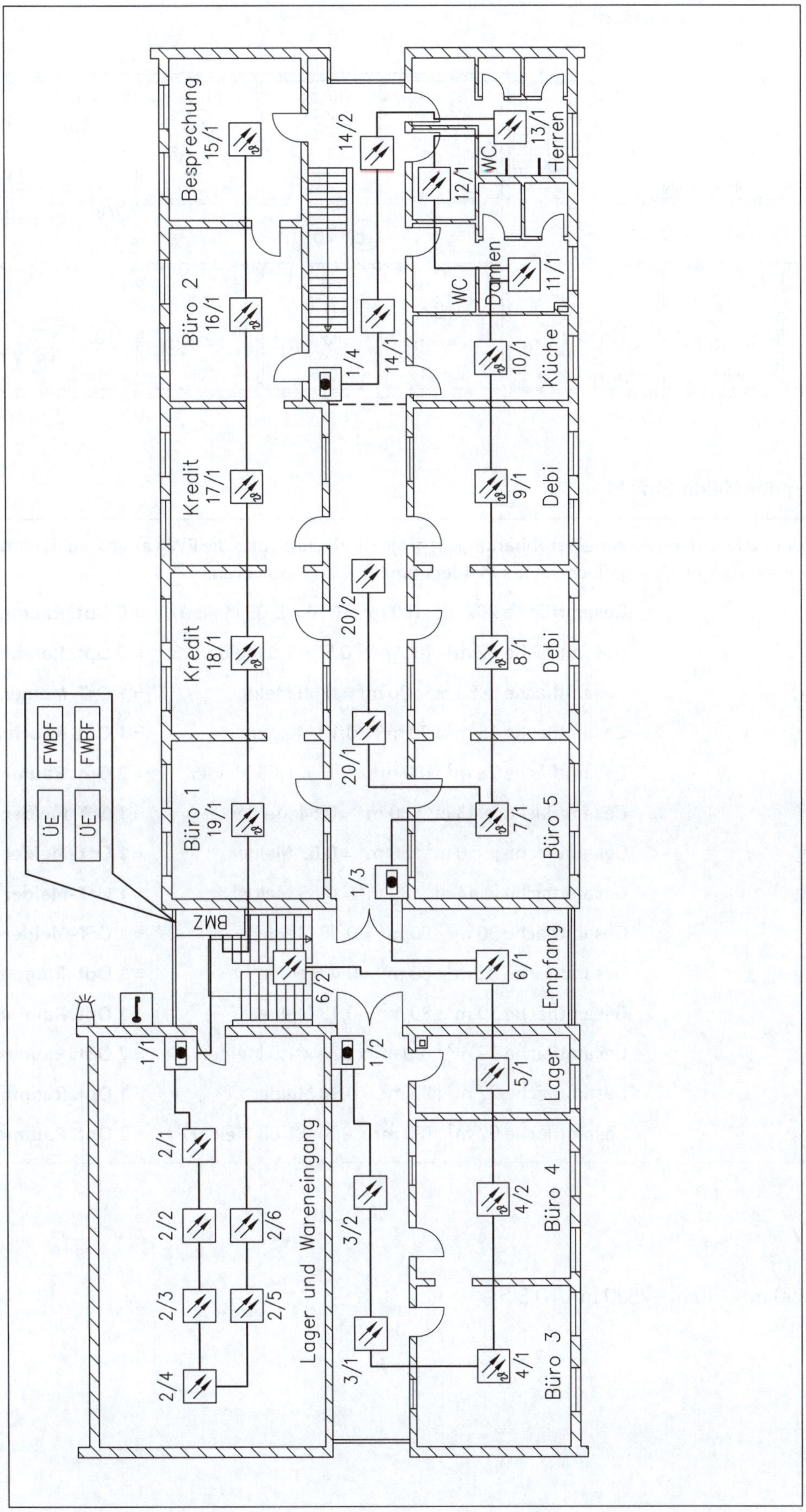
Besprechung
15/1
Büro 2
16/1
Kredit
17/1
Kredit
18/1
Büro 1
19/1
14/2
14/1
1/4
20/2
20/1
1/3
BMZ
ÜE
ÜE
FWBF
FWBF
6/2
1/1
1/2
WC
Herren
13/1
12/1
WC
Damen
11/1
Küche
10/1
Debi
9/1
Debi
8/1
Büro 5
7/1
Empfang
6/1
Lager
5/1
Büro 4
4/2
Büro 3
4/1
Lager und Wareneingang
2/1
2/2
2/3
2/4
2/5
2/6
3/1
3/2

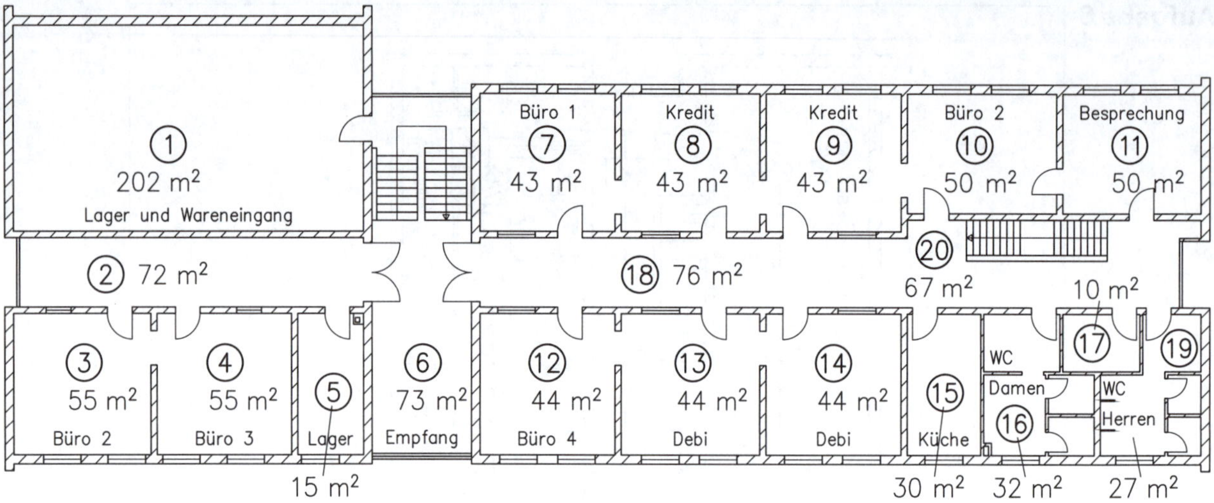

Berechnung der Melderanzahl:

Da für Lager und Flure eine Zweimelderabhängigkeit projektiert wurde und die RWA angesteuert wird, ist für diese Räume die max. Überwachungsfläche eines Melders um 50 % zu reduzieren.

Raum ①	Gesamtfläche 202 m² : (80 m² x 0,5) = 5,05 Melder	= **6 Opt. Raummelder**
Raum ②	Gesamtfläche 72 m² : (80 m² x 0,5) = 1,8 Melder	= **2 Opt. Raummelder**
Raum ③ ④	Gesamtfläche je 55 m² : 80 m² = 0,69 Melder	= **1 O²T-Melder je Raum**
Raum ⑤	Gesamtfläche 15 m² : 80 m² = 0,19 Melder	= **1 Opt. Rauchmelder**
Raum ⑥	Gesamtfläche 73 m² : (80 m² x 0,5) = 1,83 Melder	= **2 Opt. Raummelder**
Raum ⑦ ⑧ ⑨	Gesamtfläche je 43 m² : 80 m² = 0,54 Melder	= **1 O²T-Melder je Raum**
Raum ⑩ ⑪	Gesamtfläche je 50 m² : 80 m² = 0,63 Melder	= **1 O²T-Melder je Raum**
Raum ⑫ ⑬ ⑭	Gesamtfläche je 44 m² : 80 m² = 0,55 Melder	= **1 O²T-Melder je Raum**
Raum ⑮	Gesamtfläche 30 m² : 80 m² = 0,38 Melder	= **1 O²T-Melder**
Raum ⑯	Gesamtfläche 32 m² : 80 m² = 0,4 Melder	= **1 Opt. Raummelder**
Raum ⑰	Gesamtfläche 10 m² : 80 m² = 0,13 Melder	= **1 Opt. Raummelder**
Raum ⑱	Gesamtfläche 76 m² : (80 m² x 0,5) = 1,9 Melder	= **2 Opt. Raummelder**
Raum ⑲	Gesamtfläche 27 m² : 80 m² = 0,34 Melder	= **1 Opt. Raummelder**
Raum ⑳	Gesamtfläche 67 m² : (80 m² x 0,5) = 1,68 Melder	= **2 Opt. Raummelder**

Aufgabe 7

$K = f \cdot I_1 \cdot t_1 + I_2 \cdot t_2$

$K = 1{,}25 \cdot 750\ \text{mA} \cdot 30\ \text{h} + 2580\ \text{mA} \cdot 0{,}5\ \text{h}$

$K = 29{,}42\ \text{Ah}$

Markierungsbogen

	1	2	3	4	5	6	7	8	9	10	11	12	13	14	15
1		X		X								X			
2			X		X		X		X					X	
3						X		X					X		X
4	X									X	X				

Aufgabe U1

1. Absatz ist die Menge der in einem bestimmten Zeitraum verkauften Güter.
2. Umsatz ist der Wert der verkauften Güter zum Verkaufspreis.
3. Das Unternehmen hat die Verkaufspreise so stark gesenkt, dass trotz des höheren Absatzes der Erlös (Umsatz) gesunken sind. Bei gleichen Kosten führt dies zu einem geringeren Gewinn.

Aufgabe U2

Frühestens am 30.06.

Aufgabe U3

Die Hypothek ist ein Pfandrecht an einem Grundstück zur Sicherung einer Forderung (z. B. Baudarlehen).

Aufgabe U4

Unternehmensleitung		
Beschaffungsbereich	**Produktionsbereich**	**Absatzbereich**
Bedarfsplanung	Fertigungskontrolle	Werbung
Materialeinkauf	Erprobung	Versand
Angebotsvergleich	Konstruktion	Vertrieb
Wareneingangskontrolle	Arbeitsvorbereitung	Marktforschung
	Fertigungsdurchführung	Verpackung

Aufgabe U5

1. Immer mehr Empfängern stehen immer weniger Einzahler gegenüber. Gründe: Sinkende Geburtenrate, steigende Anzahl der Rentner, steigende Lebenserwartung, hohe Arbeitslosigkeit.
2. Senkung der Leistungen, Erhöhung der Beiträge.

Aufgabe U6

- Berufsausbildung: z. B. Erstausbildung zum Elektroniker/Elektronikerin.
- Berufliche Fortbildung: z. B. Weiterbildung zum Meister.
- Umschulung: z. B. zum/zur Koch/Köchin aufgrund körperlicher Beschwerden.

Aufgabe U7

- Der Europäische Rat
- Die Europäische Kommission
- Das Europäische Parlament
- Der Europäische Gerichtshof

Aufgabe U8

Strafprozess: der Staat ist der Ankläger, vertreten durch den Staatsanwalt.
Zivilprozess: Bürger klagen gegen Bürger.

Aufgabe U9

- Wahl der Bundeskanzlerin/des Bundeskanzlers
- Beschließt Bundesgesetze und den Bundeshaushalt
- Wählt die Hälfte der Verfassungsrichter
- Wirkt bei der Wahl des Bundespräsidenten mit

Aufgabe U10

- Diebstahl
- Betrug
- Arbeitsverweigerung
- Tätlichkeit im Betrieb
- Absichtliche Sachbeschädigung

Bildquellenverzeichnis

Di Gaspare, Michele (Bild und Technik Agentur für technische Grafik und Visualisierung), Bergheim: 6.1, 7.1, 8.1, 10.1, 11.1, 12.1, 13.1, 20.1, 20.2, 20.3, 20.4, 21.1, 22.1, 22.2, 22.3, 22.4, 22.5, 22.6, 22.7, 22.8, 22.9, 23.1, 24.1, 24.2, 24.3, 24.4, 24.5, 29.1, 30.1, 35.1, 36.1, 36.2, 36.3, 36.4, 38.1, 39.1, 40.1, 46.1, 47.1, 48.1, 51.1, 52.1, 52.2, 52.3, 54.1, 56.1, 57.1, 58.1.

Ruhrstadtmedien, Castrop-Rauxel: 14.1, 17.1.

stock.adobe.com, Dublin: Chinnapong Titel.